全国中等职业学校计算机类专业通用教材
非计算机类专业公共基础课

计算机应用基础

龙长华　主编

中国建材工业出版社

图书在版编目（CIP）数据

　　计算机应用基础/龙长华主编．--北京：中国建材工业出版社，2022.9（2024.1重印）
　　ISBN 978-7-5160-3572-6

　　Ⅰ.①计…　Ⅱ.①龙…　Ⅲ.①电子计算机－中等专业学校－教材　Ⅳ.①TP3

　　中国版本图书馆CIP数据核字（2022）第165946号

内 容 提 要

　　本书依据职业教育的特点，从计算机基础知识入手，以学生掌握在信息化社会中工作、学习和生活所必须具备的计算机知识与基本操作技能为主线，通过详细理论讲授与实践操作相结合，让学生系统地、正确地建立计算机相关概念和基本操作技术，掌握在网络环境下操作计算机及常用应用软件的使用方法，使学生具备计算机基础知识和操作技能，以及在网上获取和交流信息的能力，为今后将所学的计算机应用和计算机技能服务于专业学习及就业打下基础。

　　全书分为6章，分别是计算机基础知识、Windows 10操作系统、文字处理软件Word 2010应用、电子表格处理软件Excel 2010应用、演示文稿制作软件PowerPoint 2010应用、因特网（Internet）应用。

　　本书可作为全国中等职业院校公共专业基础课程计算机应用基础的教学用书，也可作为计算机爱好者的自学参考书和课外读物。

计算机应用基础
Jisuanji Yingyong Jichu
主编　龙长华

出版发行：中国建材工业出版社
地　　址：北京市海淀区三里河路11号
邮　　编：100831
经　　销：全国各地新华书店
印　　刷：北京印刷集团有限责任公司
开　　本：787mm×1092mm　1/16
印　　张：13
字　　数：210千字
版　　次：2022年9月第1版
印　　次：2024年1月第2次
定　　价：39.80元

本社网址：www.jccbs.com，微信公众号：zgjcgycbs
请选用正版图书，采购、销售盗版图书属违法行为
版权专有，盗版必究。本社法律顾问：北京天驰君泰律师事务所，张杰律师
举报信箱：zhangjie@tiantailaw.com　　举报电话：(010)57811389
本书如有印装质量问题，由我社市场营销部负责调换，联系电话：(010)57811387

编委会

主　编：龙长华

副主编：杨巨恩　梁　国　曾令聪　黄　浩

参　编：赵　焉　覃惠春　黄崖荣　黄桂莹

前　　言

本书依据教育部、人力资源和社会保障部关于计算机应用基础课程的相关课程标准，结合中等职业院校的教学实践进行编写。本书坚持"为党育人、为国育才"的教育初心，把立德树人融入教材编写，注重理论与实践相结合，突出实用性和操作性。

本书的创新之处在于从计算机基础知识入手，以学生掌握在信息化社会中工作、学习和生活所必备的计算机知识与基本操作技能为主线，将理论讲授与实践操作相结合，帮助学生系统且正确地建立计算机的相关概念与基础操作技术，掌握在网络环境下操作计算机及常用应用软件的使用方法，使学生具备计算机基础知识和操作技能，以及在网上获取和交流信息的能力，为今后将所学的计算机应用和计算机技能服务于专业学习及就业打下基础。

全书共分为六个章节。第 1 章为计算机基础知识，第 2 章为 Windows 10 操作系统，第 3 章为文字处理软件 Word 2010 应用，第 4 章为电子表格处理软件 Excel 2010 应用，第 5 章为演示文稿制作软件 PowerPoint 2010 的应用，第 6 章为因特网（Internet）应用。每个章节都按照理论与实操相结合的方式进行编排，图文并茂，重点介绍技能操作流程，每个章节后都配套有练习题，帮助学生更好掌握理论知识和技能操作。

本书由龙长华主编，杨巨恩、梁国、曾令聪、黄浩为副主编。由于编写时间仓促，作者能力和水平有限，书中难免有疏漏和不妥之处，欢迎广大读者批评指正。衷心希望广大使用者，尤其是任课教师提出宝贵的意见和建议，以便再版时修订完善。

编　者
2022 年 8 月

目 录

1 计算机基础知识 ·· 1

    1.1 概述 ·· 1

    1.2 计算机系统组成 ·· 4

    1.3 计算机基本操作 ·· 9

    1.4 计算机安全 ·· 13

2 Windows 10 操作系统 ·· 17

    2.1 操作系统简介 ··· 17

    2.2 Windows 10 操作系统基本操作 ··· 19

    2.3 Windows 10 操作系统设置 ··· 23

    2.4 Windows 10 操作系统管理 ··· 27

    2.5 Windows 10 操作系统实用附件工具 ·································· 33

    2.6 输入法 ··· 36

3 文字处理软件 Word 2010 应用 ··· 40

    3.1 文档基本操作 ··· 40

    3.2 设置文档格式 ··· 48

    3.3 表格创建与编辑 ·· 65

    3.4 图形处理及图文混排 ··· 75

4 电子表格处理软件 Excel 2010 应用 ·· 91

    4.1 电子表格基本操作 ·· 91

  4.2 电子表格格式设置 …………………………………………… 102

  4.3 数据处理 …………………………………………………… 117

  4.4 数据分析 …………………………………………………… 130

  4.5 打印输出 …………………………………………………… 136

5 演示文稿制作软件 PowerPoint 2010 应用 …………………………… 140

  5.1 演示文稿基本操作 ………………………………………… 140

  5.2 演示文稿修饰 ……………………………………………… 152

  5.3 演示文稿对象编辑 ………………………………………… 162

  5.4 设置与放映演示文稿 ……………………………………… 176

6 因特网（Internet）应用 ……………………………………………… 181

  6.1 获取 Internet 上的信息和资源 …………………………… 181

  6.2 收发电子邮件 ……………………………………………… 189

  6.3 使用网络服务 ……………………………………………… 193

参考文献 ………………………………………………………………………… 197

1

计算机基础知识

计算机是人类最伟大的科学技术发明之一，目前已深入到人类生活的方方面面，人们生活、学习、工作都离不开它。要用好计算机，首先要了解计算机的基础知识。

1.1 概　述

由于计算机可以快速准确地处理各种复杂信息，因此被迅速普及，成为办公自动化最重要的工具和人类不可缺少的助手。

通过本节的学习，您将掌握以下内容：

◆计算机的概念。

◆计算机的发展历程及应用领域。

1.1.1 计算机的概念

电子计算机（Digital Computer）是一种能够按照指令对各种数据和信息进行自动加工和处理的电子设备，简称计算机（Computer），俗称电脑。

电子计算机诞生于20世纪中叶，是人类最伟大的技术发明之一，它的出现和广泛应用把人类从繁重的脑力劳动中解放出来，提高了社会各个领域中信息的收集、处理和传播速度与准确性，促进人类向信息化社会迈进。

1.1.2 计算机的发展历程及应用领域

1. 计算机的发展历程

1946 年，美国诞生了第一台计算机 ENIAC（埃尼阿克），此后，计算机科技便进入了飞速发展的阶段。按照计算机所采用的电子器件的不同，可将其发展历程划分为以下 4 个阶段（表 1-1）。

表 1-1 计算机的发展历程

发展阶段	电子器件	软件	应用领域
第一代（1946—1958 年）	电子管	机器语言、汇编语言	军事与科研
第二代（1959—1964 年）	晶体管	高级语言、操作系统	数据处理和事务处理
第三代（1965—1970 年）	中、小规模集成电路	多种高级语言、完善的操作系统	科学计算、数据处理及过程控制
第四代（1971 年至今）	大规模、超大规模集成电路	数据库管理系统、网络操作系统等	人工智能、数据通信及社会的各领域

目前，计算机正朝着微型化、网络化、智能化和巨型化的方向发展。

（1）微型化。有台式电脑、笔记本电脑、掌上电脑、平板电脑、嵌入式计算机等。

（2）网络化。互联网（Internet）将世界各地的计算机连接在一起，人们通过互联网进行沟通、信息共享等，如 QQ、微博、电子邮件、信息搜索、商品选购、网络论坛、网络聊天室、银行信用卡的使用等。

（3）智能化。有机器人、医疗诊断仪、定理证明、智能检索、语言翻译、模式识别等。

（4）巨型化。巨型化的计算机指具备超高速度、超大存储容量和超强功能的超级计算机，其主要应用于尖端科学技术和军事国防系统。

2. 计算机的应用领域

计算机以其速度快、精度高、能记忆、会判断、自动化等特点，经过短短几十年的发展，其应用已经渗透到人类社会的各个方面，从国民经济各部门到生产和工作领域，从家庭生活到消费娱乐，到处都可见计算机的应用成果。在现代人类生活中，计算机的应用无处不在，简单来说，计算机主要应用在以下领域。

（1）科学计算。一些无法用人工解决的大量复杂的数值计算，使用计算机可以快速而准确地解决。

（2）数据处理。也叫信息处理，是计算机应用中最广泛的领域。

（3）自动控制。计算机加上感应检测设备及模/数转换器，就构成了自动控制系统。目前被广泛用于操作复杂的钢铁工业、石油化工业和医药工业等生产过程，在国防和航空航天领域中也起着决定性作用，如无人驾驶飞机、导弹、人造卫星和宇宙飞船等飞行器的控制。

（4）辅助设计和辅助教学。计算机辅助设计简称CAD，是指借助计算机的帮助，人们可以自动或半自动地完成各类工程设计工作。目前，CAD技术已应用于飞机设计、船舶设计、建筑设计、机械设计和大规模集成电路设计等领域。

计算机辅助教学简称CAI，是指用计算机来辅助完成教学计划或模拟某个试验过程。CAI不仅能够减轻教师的负担，还能激发学生的学习兴趣。

（5）人工智能。人工智能是计算机应用的一个新领域，这方面的研究和应用正处于发展阶段，在医疗诊断、定理证明、语言翻译、机器人应用等方面已有显著成效。

（6）多媒体技术应用。多媒体技术是指把文本、动画、图形、图像、音频、视频等各种媒体综合起来的一种技术。

（7）信息共享。计算机网络是现代计算机技术与通信技术高度发展和密切结合的产物，它利用通信设备和线路将地理位置不同、功能独立的多个计算机系统互联起来，以功能完善的网络软件实现网络中资源共享和信息传递的系统。

了解我们周围有哪些地方在使用计算机，其用途是什么，将结果填写在表1-2中。

表1-2　我身边使用计算机的场所和用途

场所	用途

1.2 计算机系统组成

通过本节的学习，您将掌握以下内容：
◆计算机硬件系统。
◆计算机软件系统。

1.2.1 计算机硬件系统

计算机系统包括硬件系统和软件系统两大部分，硬件系统是指我们能够看到的实体部分，软件系统则是支持计算机运行的系统和程序，两个系统相互依存，缺一不可。下面我们可以通过图表的方式来理解微型计算机系统的组成，如图1-1所示。

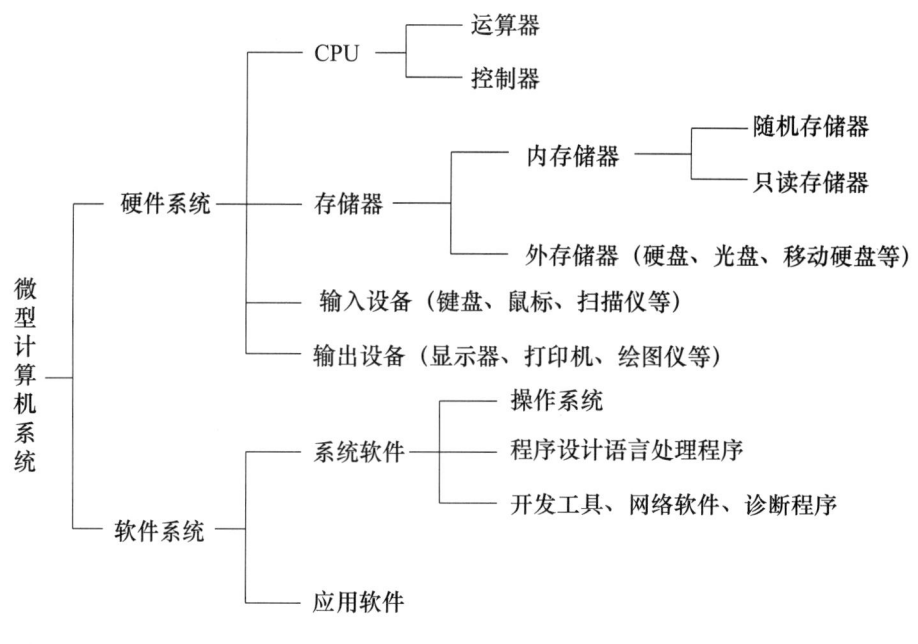

图1-1 微型计算机系统的组成

计算机采用冯·诺依曼（Von Neumann）体系结构，其硬件系统由5个基本部分组成，即运算器、控制器、存储器、输入设备和输出设备，运算器和控制器构成计算机的中央处理器（Central Processing Unit，CPU），CPU与内存储器构成计算机的主机，其他外存储器、输入和输出设备统称为外部设备。

图 1-2 所示的是一套基本的微型计算机硬件系统，请按标号将各部件的名称及其作用填写在表 1-3 中。

图 1-2 微型计算机硬件系统的基本组成部件

表 1-3 微型计算机的部件名称和作用

序号	名称	作用	序号	名称	作用
①	主机箱	主机的外壳，用于固定和保护主机的各个部件	A	光驱	用于读取和播放光盘
②		通过文字或图形图像输出计算机产生的结果	B		该插孔可用来连接数据线，以输入和输出数据
③		向计算机输入信息	C		该按钮用于启动计算机
④		进行光标定位和某些特定的输入	D		用于连接音箱
⑤		通过声音输出计算机处理的结果			

1. CPU

CPU 是一个超大规模集成电路芯片，它包含运算器和控制器的功能，因此 CPU 又称为微处理器。它的作用犹如人的大脑，用于控制、管理微机系统各部件协调一致地工作。

2. 存储器

计算机的存储器分为主存储器（内存）和外存储器（外存）。

内存分为只读存储器（ROM）和随机存储器（RAM）两种，ROM 存放固定不变的程序和数据，关机后不会丢失；RAM 用来在计算机运行时存放系统程序、应用程序、数据结果等，关机后内容消失。在计算机系统中，内存容量主要由 RAM 的容量来决定，习惯上将 RAM 直接称为内存。ROM 在计算机工作时只能读出（取），不能写入（存）。RAM 可随时读出和写入。

外存储器又称外存或辅存，用来存放长期使用的系统文件、应用程序、用户数据文件等。常见的外存储器有硬盘驱动器、光盘驱动器、移动硬盘等。

3. 输入设备

输入设备是向计算机输入信息的设备，用于向计算机输入程序和数据，主要包括键盘、鼠标、扫描仪、数码相机/摄像机、触摸屏、语音输入/手写输入设备等。

（1）键盘。键盘是计算机最基本的输入设备之一，标准键盘的布局分三个区域，即主键盘区、副键盘区和功能键区。

（2）鼠标。鼠标是计算机最基本的输入设备，从外观上来看分为有线鼠标和无线鼠标两种。它与显示器配合，可以方便、准确地移动显示器上的光标，并通过点击鼠标键选取光标所指的内容。表 1-4 列出了鼠标的常用操作方法及相应功能。

表 1-4　鼠标的常用操作方法及相应功能

操作名称	操作方法	相应功能
指向	将鼠标指针移动到屏幕的某一位置	可以指向某个对象
单击	按鼠标左键一次	可以选取某个对象
双击	连续按鼠标左键两次	可以打开某个文件或执行某个程序
拖动	选取某个对象后，按住鼠标左键不放，并移动鼠标	可以移动该对象
右击	按鼠标右键一次	一般会弹出快捷菜单，可选择其中的操作命令

（3）触摸屏。近几年触摸屏的使用越来越多，如智能手机、平板电脑、银行系统的自助设备等都采用了触摸屏交互技术。这种技术可以将手指的移动轨迹转换为数字信息，传递给计算机，计算机将获得的数据进行处理，从而与用户进行人机交互。

（4）扫描仪。常见的扫描仪有平板式扫描仪、手持式扫描仪、滚筒式扫描仪等,用于将图片、文稿或其他各类文件以图片的形式输入到计算机中。

(5)数码相机和数码摄像机。数码相机和数码摄像机可以直接将拍摄的照片或视频转换为数字信息,并可直接传输到计算机中。

利用搜索引擎查找以下常用输入设备的图片及其特点、用途,并填写表1-5。

表1-5 常用输入设备的图片及其特点、用途

名称	图片	特点、用途
鼠标		
键盘		
扫描仪		

4. 输出设备

输出设备是将计算机中储存的数字化信息以图像、声音或字符方式呈现出来。计算机输出设备主要包括显示器、音箱/耳机、打印机等。

(1)显示器。显示器是微型计算机必不可少的输出设备,它可以将计算机内存储的数据转换成直观的字符或图像显示在屏幕上,供用户阅读和观看。目前流行的显示器是液晶显示器。

(2)音箱/耳机。音箱或耳机用于输出声音数据,是多媒体计算机不可或缺的输出设备。目前一些耳机还同麦克风集成在一起,更加方便用户的使用。声音的采集与播放需要声卡的支持。

(3)打印机。打印机可以通过数据线与计算机连接,从而将计算机中的文件输出到纸张、胶片或其他材质上。近几年出现的3D打印机还可以使用无机或有机材料打印出立体的物体,如建筑物、日用品等。

利用搜索引擎查找以下常用输出设备的图片及其特点、用途,并填写表1-6。

表1-6 常用输出设备的图片及其特点、用途

名称	图片	特点、用途
液晶显示器		
喷墨打印机		
激光打印机		

续表

名称	图片	特点、用途
针式打印机		
投影仪		
音箱或耳机		

1.2.2 计算机软件系统

软件是指程序、数据和相关文档的集合。其中，程序是指计算机可以识别和执行的操作表示的处理步骤；文档是指用自然语言或者形式化语言所编写的用来描述程序的内容、组成、设计、功能规格、开发情况、测试结构和使用方法的文字资料和图表，如程序设计说明书、流程图、用户手册等。软件是支持计算机运行和应用不可或缺的工具。

从应用的观点看，软件可以分为两类，即系统软件和应用软件。

1. 系统软件

系统软件是支持计算机运行的基本软件，主要功能是对计算机硬件和软件进行管理，以充分发挥这些设备的效力。系统软件一般包括操作系统、语言处理程序、数据库管理系统等。

2. 应用软件

应用软件是为计算机在特定领域中的应用而开发的专用软件，例如文字处理软件、表格处理软件、绘图软件、各种管理信息系统、地理信息系统、CAD 系统等。应用软件包括的范围是极其广泛的，可以这样说，哪里有计算机应用，哪里就有应用软件。我们将在第 3 章介绍文字处理软件 Word 2010，在第 4 章介绍电子表格处理软件 Excel 2010，在第 5 章介绍演示文稿制作软件 PowerPoint 2010。利用搜索引擎查找以下常用软件的类型、最新软件版本和功能，并填写表 1-7。

表 1-7 认识软件

软件名称	软件类型	最新软件版本	软件功能
Windows			
Photoshop			

续表

软件名称	软件类型	最新软件版本	软件功能
QQ			
迅雷			
Word			
Excel			
3D MAX			

1.3 计算机基本操作

键盘和鼠标是进行人机交流时主要的输入设备，使用它们可以向计算机输入信息或发出各种指令，因此，键盘和鼠标是计算机的基本操作单元。

通过本节的学习，您将掌握以下内容：

◆键盘操作。

◆鼠标操作。

1.3.1 键盘操作

1. 键盘的基本键位

键盘上的"A、S、D、F、J、K、L、；"8个键称为基本键，在打字时要两手自然放松，手指轻放于8个基本键位上，如图1-3所示。

图 1-3 键盘的基本键位与手指的对应位置

2. 各手指在键盘上的管辖范围

每个手指都有其管辖的按键范围，打字时各手指轻击其管辖范围内的按键，完成输入后迅速将手指移回基本键位。各手指在键盘上的管辖范围如图 1-4 所示。

图 1-4　各手指在键盘上的的管辖范围

使用键盘输入标点符号和大写字母。

打开"写字板"，执行以下操作：

（1）按住 Shift 键，同时按▨键，即可完成"！"符号的输入。

（2）按住 Shift 键，同时按▨键，即可输入大写字母 A。

使用"金山打字通"进行指法训练。

上网搜索并下载"金山打字通"指法训练软件，然后在"金山打字通"中执行以下操作：

（1）将左手大拇指放到空格键上，其余四指分别放在"F、D、S、A"四个键上，将右手大拇指放到空格键上，其余四指分别放在"J、K、L、;"四个键上，依次输入"A、S、D、F、G"空格"H、J、K、L、;"空格。

（2）移动左手，输入"Q、W、E、R、T"，输入完毕后迅速将左手回归原位。

（3）移动右手，输入"Y、U、I、O、P"，输入完毕后迅速将右手回归原位。

（4）移动左手，输入"B、V、C、X、Z"，输入完毕后迅速将左手回归原位。

（5）移动右手，输入"N、M、,、.、/"，输入完毕后迅速将右手回归原位。

用"金山打字通"软件进行盲打指法练习（表 1-8）。

表 1-8 盲打指法练习

练习种类	难易程度	时间	速度 （要求：正确率为 100%）	对自己练习的评价 （非常满意、可以、还需要努力）
基本键练习	很容易	10 分钟		
EI 键练习	容易	10 分钟		
GH 键练习	容易	10 分钟		
RTUY 键练习	容易	10 分钟		
WQOP 键练习	容易	10 分钟		
VBMN 键练习	容易	10 分钟		
CXZ? 键练习	难	10 分钟		
数字键练习	难	10 分钟		
小写字母键练习	容易	10 分钟		
大小写综合练习	难	10 分钟		
全键盘练习	很难	10 分钟		

1.3.2 鼠标操作

1. 鼠标的基本操作方法

常见的鼠标表面有左键、右键和滚轮三个控制装置，如图 1-5 所示。

图 1-5 鼠标的控制装置

鼠标的基本操作方法主要有以下几种。

（1）单击：将鼠标指针指向目标对象，按下鼠标左键并快速释放。

（2）双击：将鼠标指针指向目标对象，快速按下鼠标左键两次。

（3）拖动：将鼠标指针指向目标对象，按住鼠标左键的同时移动鼠标。

（4）右击：按下鼠标右键并快速释放。

2. 鼠标指针的状态与意义

在进行不同的操作时，鼠标指针会呈现不同的状态，常见鼠标指针状态的意义见表 1-9。

表 1-9　常见鼠标指针的状态及其对应的意义

状态	意义	状态	意义
▷	标准选择	↕	垂直调整
▷?	帮助选择	↔	水平调整
▷⌛	后台操作	↘	沿对角线调整
⌛	忙碌	↗	沿对角线调整
＋	精确定位	✥	移动
I	文本选择	↑	候选
⊘	不可用	☝	超链接

使用鼠标双击计算机桌面上的"计算机"图标（图 1-6），打开"计算机"窗口。

图 1-6　计算机图标

使用鼠标单击"计算机"窗口右上角的"关闭"按钮（图 1-7），关闭"计算机"窗口。

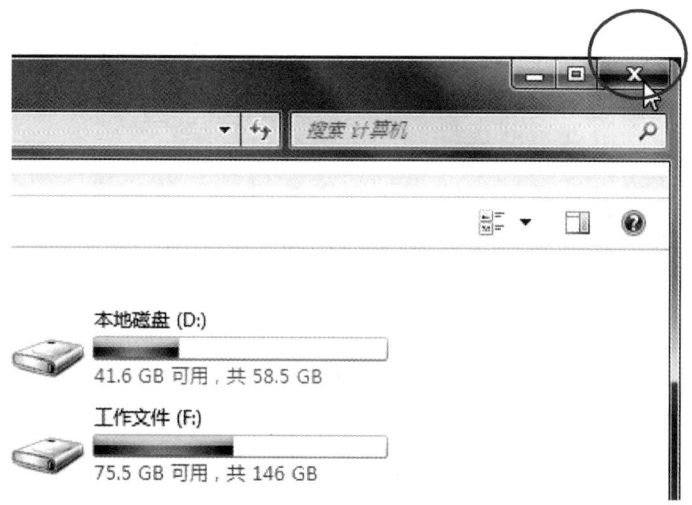

图 1-7 单击"关闭"按钮

1.4 计算机安全

计算机与我们生活、工作的关系密不可分,人们需要很好地维护计算机才能安全、有效地使用它。关于计算机的安全使用主要有设备安全、数据安全、计算机病毒防治等几个方面。

通过本节的学习,您将掌握以下内容:

◆设备安全。

◆数据安全。

1.4.1 设备安全

设备安全主要指计算机硬件的安全。对计算机硬件设备安全产生影响的主要有电源、环境、操作 3 个因素。

1. 电源

在正常的连接下,电网电压的突变会对计算机造成损坏。为保证计算机安全正常地工作,要配备一台具有净化、稳压功能的 UPS(不间断电源)。这种电源可以过滤电网上的尖峰脉冲,保持供给计算机设备稳定的 220V 交流电压,并且在停电时电源内部的蓄电池可以为用户提供保存程序和数据的操作时间。

2. 环境

(1) 计算机设备要放置稳定，与周边物体距离保持在 10cm 以上，在室温状态下，使计算机处于通风良好便于散热的环境中。

(2) 要使计算机处在灰尘较少的空气环境中。灰尘进入计算机机箱会使计算机运行出错、磁盘读写出错甚至损坏设备。

(3) 要防止潮湿。空气湿度大或水滴进入计算机任何一个部件，都有可能造成计算机工作错误或设备损坏。

(4) 要防止阳光直射计算机屏幕。阳光照射会降低显示器的使用寿命或损坏显示性能。

(5) 要防止振动。经常性的振动对计算机的任何一个部件都是有害的。

3. 操作

(1) 计算机在操作过程要注意以下几点。

① 先开显示器后开主机，先关主机后关显示器。

② 在开机状态下，不要随意插拔各种接口卡和外设电缆。

③ 特别不要在开机时随意搬动各种计算机设备，因为这样做对计算机设备和人身安全都很不利。

(2) 各种操作不能强行用力。在键盘操作、插拔磁盘、插拔各种接口卡以及连接各种外部设备的电缆线时，如果适当用力还不能完成操作，一定要停下来仔细观察，分析问题的原因，纠正错误，再继续操作。

(3) 光盘驱动器要通过按钮操作打开与闭合，不要用手推拉，否则有可能对驱动器造成损害。

1.4.2 数据安全

数据是指所有能输入计算机并被计算机程序处理的符号介质的总称，是用于输入电子计算机进行处理，具有一定意义的数字、字母、符号和模拟量等的通称。数据包括所有用户需要的程序及其他以存储形式存在的信息资料。这些数据有的是用户长期工作的成果，有的是当前处理工作的重要现场信息，一旦被破坏或丢失，可能给用户造成重大损失。造成数据破坏或丢失，有计算机故障、操作失误、计算机病毒等多种原因。

1. 计算机故障

最常见的情况是外存储器（软盘、硬盘或移动存储设备）工作出现故障，使数据无法读出或读出错误。因此，要注意对存储设备的保护，防止折弯、划伤或受到强磁场的影响；要防止计算机正在对磁盘（特别是硬盘）做读写时振动计算机，造成磁头和盘片的损伤。

2. 操作失误

（1）在操作计算机的过程中，误将有用的数据删除。

（2）忘记将有用的数据保存下来或找不到已经保存数据。

（3）数据文件的读写操作不完整，使存储的数据无法读出。

3. 计算机病毒感染。计算机病毒是目前最常见的破坏数据的原因。

对于计算机故障和操作失误造成数据破坏或丢失的问题，可以通过以下几个措施来避免或减少损失。

（1）经常进行数据备份，保留最新阶段成果。

（2）加强对存储盘片的保护。

（3）养成数据管理的良好习惯。

（4）深入理解各种软件操作命令的执行过程，保证数据文件存储完整。

1.4.3 计算机病毒防治

计算机病毒是人为制造的，对计算机信息或系统起破坏作用的程序。它不是独立存在的，而是隐藏在其他可执行的程序之中。计算机中病毒后，轻则影响机器运行速度，重则死机及系统被破坏，给用户带来很大的损失。

计算机病毒的主要特征：繁殖性、破坏性、传染性、潜伏性、隐蔽性、隐藏性、针对性和可触发性。

计算机病毒防治措施主要有以下几个方面。

（1）经常更新操作系统补丁和应用软件的版本。操作系统厂商会定期推出升级补丁，这些升级补丁除了提升操作系统性能外，很重要的任务是堵塞可能被恶意利用的操作系统漏洞。同理，把软件升级到最新版本，也会让很多病毒望而却步，因为新版本软件会优化内部代码，使病毒暂无可乘之机。

（2）安装防火墙和杀毒软件。防火墙与杀毒软件就像大门的警卫，会仔细甄别出入系统的文件程序，发现异常及时警告并处置。比如你在访问恶意网站或运行可疑程序时，杀毒软件都会进行警告；当你下载或收到可疑文件时，杀毒软件也会先行扫描；当你的操作系统需要更新或应用程序需要升级时，杀毒软件也会提示。

（3）经常备份重要的数据。越是重要的文件，越要多做备份。就像我们在编辑文档时经常单击"保存"一样，一旦遇到突发情况，起码可以将损失降到最低，不至于全文皆丢。作为事后补救的措施，及时备份是一种很好的习惯和方法。

（4）使用复杂的密码。密码越复杂，被破解的机率越小，因此对自己的操作系统、邮箱、社交账号要设置长度 12 位以上字符、数字、特殊符号混杂的密码，且不要用生日等易被猜解的密码，更不能将银行、社保等现实生活密码与网络密码设置为同一密码。

（5）上网要提高安全意识这根弦。不要接收来历不明的文件，不要打开可疑的链接，不要暴露真实的身份信息，不要访问提示"危险"的网站，要相信杀毒软件给出的警示信息，切莫一意孤行造成损害。

扫一扫，做练习

2

Windows 10 操作系统

操作系统是支持计算机运行的基础软件，目前流行的计算机操作系统是美国微软公司的 Windows 操作系统。

2.1 操作系统简介

Windows 10 是由美国微软公司开发的跨平台、跨设备的应用计算机和平板电脑的操作系统，与之前的系统版本相比，Windows 10 具有更完善的触控优化，在易用性和安全性方面有了极大的提升。其运行速度快、界面美观、性能稳定。

通过本节的学习，您将掌握以下内容：
◆Windows 操作系统的特点。
◆Windows 10 的工作界面。

2.1.1 Windows 操作系统的特点

1. 单用户桌面操作系统

操作系统按照不同的标准可分为多种类型，例如，若按所支持的用户数量进行分类，操作系统可分为单用户操作系统和多用户操作系统；若按照应用领域进行分类，则可分为桌面操作系统、服务器操作系统、嵌入式操作系统。Windows 操作系统是一种单用户桌面操作系统。

2. 图形用户界面

Windows 操作系统是一种面向对象的图形用户界面，包括图标、窗口、菜单、按钮等。用户只需点击鼠标就可以实现与计算机的交互。

3. 窗口化的程序操作

在 Windows 操作系统下，任何一个需要人机交互的程序都会打开一个该程序特有的"程序窗口"，一般关闭程序窗口就关闭了程序。不同的程序窗口具有基本相同的特征，其操作方法也类似。

4. 多任务并行操作

在 Windows 操作系统下可以同时运行多个应用程序，如一边听音乐一边编辑文档。所有启动的程序图标都会显示在任务栏中，可以通过点击相应图标来切换已启动的程序。

2.1.2 Windows 10 的工作界面

Windows 10 采用全新用户界面，简洁美观，具有立体感和透视感。当用鼠标指向任务栏上的某个已打开的窗口图标时，会显示其缩略图，指向缩略图可以预览该窗口的内容，如图 2-1 所示。

图 2-1 通过 360 浏览器缩略图预览 360 浏览器程序窗口内容

2.2　Windows 10 操作系统基本操作

Windows 操作系统采用了图形化界面，其操作主要在窗口和对话框中完成，因此，想要掌握 Windows 10 操作系统的基本操作，就要学习窗口和对话框的操作。

通过本节的学习，您将掌握以下内容：

◆窗口操作。

◆对话框操作。

2.2.1　窗口操作

1. 窗口的类型

在 Windows 10 中，所有窗口的外观都基本相同，按照其作用来分，主要可以分为以下几种。

（1）文件夹窗口。文件夹窗口是 Windows 10 管理文件夹时所用的一种特殊窗口，用于显示一个文件夹的下属文件夹和文件的主要信息。

（2）程序窗口。运行任何一个需要人机交互的程序都会打开一个该程序特有的"程序窗口"，一般关闭程序窗口就关闭了程序。

（3）文档窗口。文档窗口是隶属于应用程序的子窗口。有些应用程序可以同时打开多个文档窗口，称为多文档界面。

2. 窗口的构成

（1）标题栏。标题栏位于窗口的最顶端，其左端标明窗口的名称。右端分别为"最小化""最大化/还原""关闭"3 个按钮，单击相应的按钮可以执行相应的窗口操作。在 Windows 10 中可以同时打开多个窗口，但只有一个是活动窗口，只有活动窗口才能接收鼠标和键盘的输入。活动窗口的标题栏呈高亮度显示，默认颜色为蓝色。如果标题栏呈灰色，则该窗口是非活动窗口。

（2）"前进"与"后退"按钮。用于快速访问下一个或上一个浏览过的位置。单击"前进"按钮右侧的小箭头，可以显示浏览列表，以便于快速定位。

（3）菜单栏。位于标题栏的下方，其中通常有"文件""编辑""查看""工具""帮助"等菜单项，这些菜单几乎包含了对窗口操作的所有命令。

(4) 工具栏。通常位于菜单栏的下面,以按钮或下拉列表框的形式将常用功能分组排列出来,使用鼠标单击按钮便能直接执行相应的操作。

(5) 地址栏。显示当前访问位置的完整路径。在地址栏中输入一个地址,然后单击"转到"按钮,窗口将转到该地址所指的位置。

(6) 搜索框。在搜索框中输入关键字后,就可以在当前位置使用关键字进行搜索,凡是文件内部或文件名称中包含该关键字的,都会显示出来。

(7) 导航窗格。以树形图的方式列出一些常见位置,同时该窗格中还根据不同位置的类型显示了多个节点,每个子节点可以展开或合并。

(8) 库窗格。库是 Windows 10 中新增的功能,库窗格中提供了一些与库有关的操作,并且可以更改排列方式。如果希望隐藏该位置的库窗格,可以单击"查看"按钮,选择"隐藏所选项目"命令。

(9) 文件窗格。列出了当前浏览位置包含的所有内容,例如文件、文件夹以及虚拟文件夹等。在文件窗格中显示的内容,可以通过视图按钮更改显示视图。

(10) 预览窗格。如果在文件窗格中选定某个文件,其内容就会显示在预览窗格中。单击窗口右上角的"显示预览窗格"按钮即可将该窗格打开。

(11) 细节窗格。在文件夹窗格中单击某个文件或文件夹后,细节窗格中就会显示该对象的属性信息,显示内容与所选对象有关。

3. 窗口的基本操作

在使用 Windows 操作系统的过程中,掌握窗口的基本操作可以更好地使用与操作窗口。下面将介绍窗口的基本操作。

(1) 调整窗口大小。在窗口处于非最大化的状态下,将鼠标指针指向窗口的边框或者顶角,当指针变成一个双向箭头时,按住鼠标左键拖动鼠标。

(2) 移动窗口。当窗口处于非最大化状态时,将指针指向标题栏,按住鼠标左键拖动鼠标。

(3) 切换窗口。当打开了多个窗口同时工作时,用户只能对当前窗口进行操作;当需要切换到另一个窗口时,可以采用下面两种方法之一。

① 使用鼠标:如果要切换的窗口在屏幕上能看到,单击该窗口的任一部分即可将该窗口切换到屏幕最前面;如果在屏幕上看不到要切换的窗口,则可单击任务栏中的任务按钮。

② 使用键盘：按下 Alt＋Tab 组合键。

（4）排列窗口。在 Windows 10 中提供了层叠窗口、堆叠窗口与并排显示窗口 3 种窗口排列方式。右击任务栏的空白区域，弹出任务栏的快捷菜单，选择相应的命令即可更改窗口的排列方式。

（5）最大化、最小化与还原窗口。单击"最大化""最小化"或"还原"按钮。

（6）关闭窗口。单击窗口右上角的"关闭"按钮或按下 Alt＋F4 组合键，都可以关闭当前窗口。

在桌面上双击"此电脑"图标，观察打开的窗口，如图 2-2 所示。

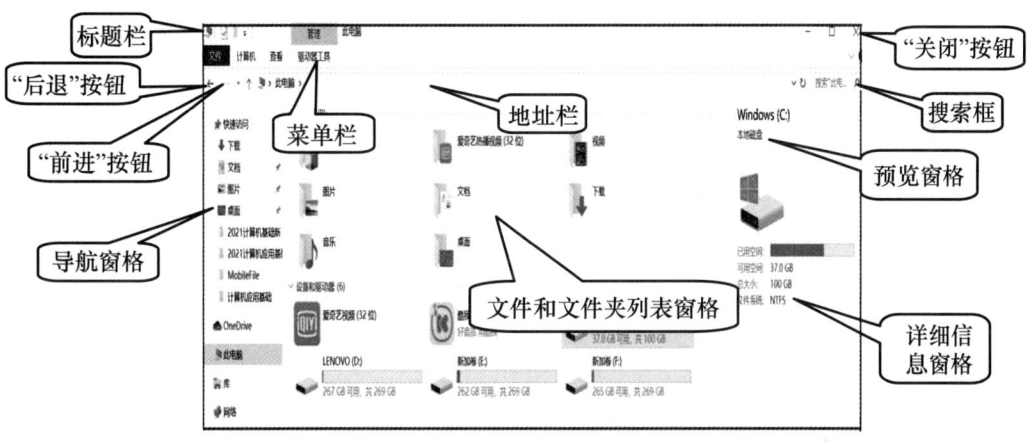

图 2-2　Windows 10 中的窗口

2.2.2　对话框操作

1. 对话框的组成

对话框是一种特殊的窗口，其大小一般是固定的，通常提供一些参数选项供用户设置，当执行某操作命令时，如果需要用户输入执行此命令的参数或条件，都会出现相应的对话框，以便接收用户输入的信息。

对话框通常包含标题栏、选项卡、复选框、单选按钮、文本框和列表框等。对话框中的标题栏与窗口中的标题栏相似，给出了对话框的名字和关闭按钮。对话框中的选项呈黑色时表示为可用选项，呈灰色时则表示为不可用选项。对话框中各主要元素的功能如下。

（1）选项卡。当对话框中包含多种类型的选项时，系统将会把这些内容分类放在不同的选项卡中。单击任意一个选项卡即可显示出该选项卡中包含的选项。

（2）文本框。用于接收输入的信息。含有下拉按钮的文本框也叫作下拉列表框，可通过单击下拉按钮，在弹出的下拉列表中选择系统提供的可用文本信息。含有微调按钮的文本框也叫微调框或数值框，用于改变文本框中的数值。

（3）列表框。用于将所有的选项显示在列表中，以供用户选择。

（4）复选框。一般成组出现，可以一次选中多个复选框。被选中的复选框中将出现对号，再次单击一次可取消选择。

（5）单选按钮。一般成组出现，一次只能选中一个单选按钮。当一个单选按钮被选中后，同组的其他单选按钮将自动被取消选择，被选中的单选按钮中出现一个圆点，再单击一次可取消选择。

（6）"确定"按钮。用于确认并执行对各种选项的设置。

（7）"取消"按钮。用于关闭对话框并取消各项设置。在有些情况下，当执行了某些不能取消的操作后，"取消"按钮变为"关闭"按钮。单击"关闭"按钮可关闭对话框，但设定被执行。

（8）附加按钮。单击此类按钮将打开另一个对话框，可对该命令进行进一步设置。

打开"边框和底纹"对话框，观察认识其中的元素，如图 2-3 所示。

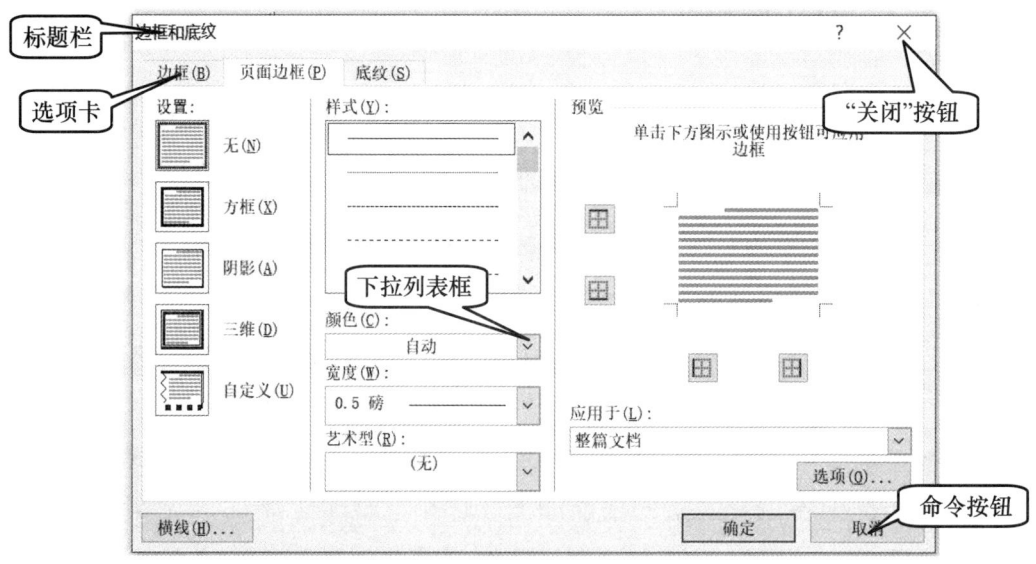

图 2-3　Windows 10 中"边框和底纹"对话框

2. 对话框的基本操作

(1) 基本操作。打开对话框、关闭对话框、移动对话框。

(2) 对话框可以移动,但不能改变其大小。

(3) 对话框元素的定位。可以通过鼠标或键盘来实现:

① 鼠标操作:直接单击。

② 键盘操作:按下 Tab 键、Shift+Tab 组合键移动光标。

从控制面板中选择"鼠标"选项,打开"鼠标属性"对话框,更改鼠标的指针设置,如图 2-4 所示。

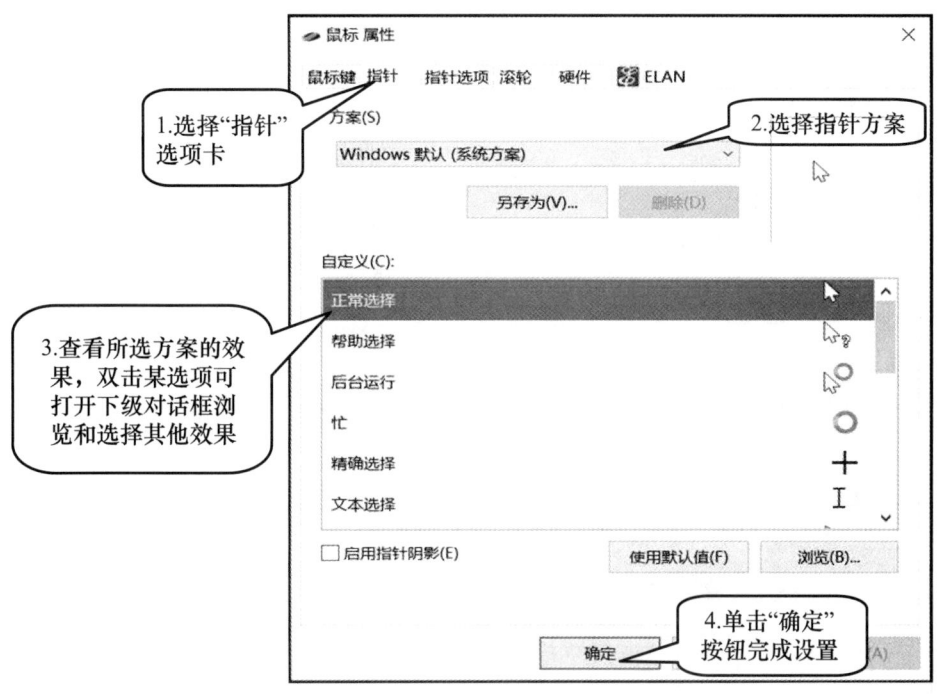

图 2-4 设置鼠标指针属性

2.3 Windows 10 操作系统设置

Windows 用"控制面板"进行系统设置和设备管理,使用"控制面板"中的工具可以对计算机的软硬件及操作系统本身进行所需的设置。此外,还可以通过使用快捷菜单和任务栏通知区域的图标进行桌面设置和系统设置。

通过本节的学习，您将掌握以下内容：

◆了解控制面板的功能与使用。

◆掌握自定义桌面操作。

2.3.1 使用控制面板

1. 打开"控制面板"窗口

单击"开始"按钮，在弹出的菜单中单击"Windows 系统"按钮，选择"控制面板"命令，即可打开"控制面板"窗口，如图 2-5 所示。

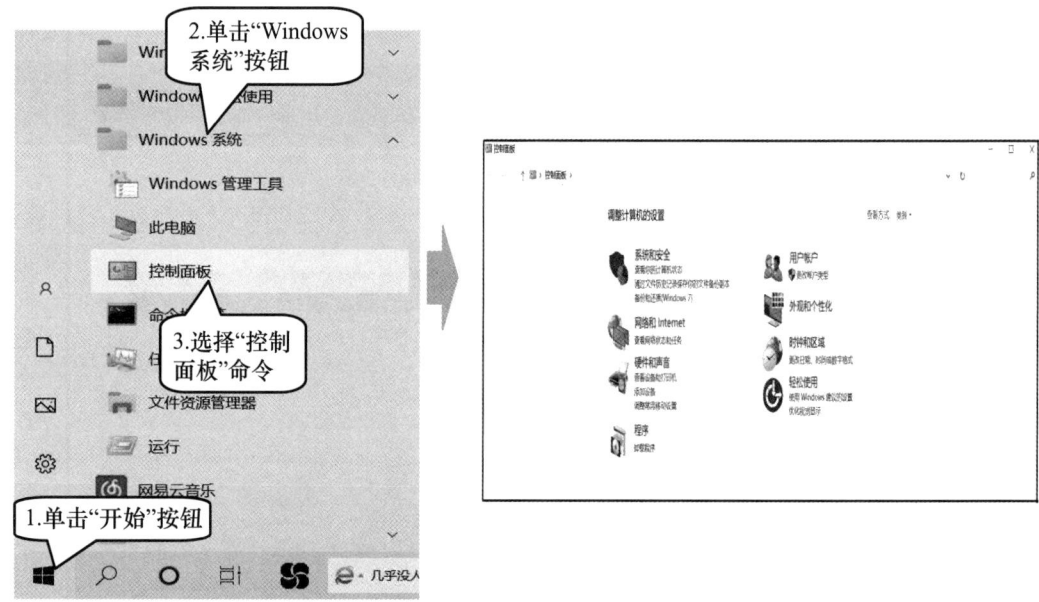

图 2-5 打开"控制面板"窗口

2. 控制面板的主要功能

控制面板的主要功能见表 2-1。

表 2-1 控制面板的主要功能

项目	主要功能
系统和安全	查看计算机状态，通过文件历史记录保存文件备份副本
网络和 Internet	查看网络状态和任务
硬件和声音	查看设备和打印机，添加设备，调整常用移动设置
程序	卸载程序

续表

项目	主要功能
用户账户	更改账户类型
外观和个性化	更改此计算机的图片、颜色或声音
时钟和区域	更改日期、时间或数字格式
轻松使用	使用 Windows 建议的设置优化视觉显示

在"控制面板"窗口中单击"日期和时间"项目，打开"日期和时间"对话框，设置计算机的系统日期和时间，具体步骤如图 2-6 所示。

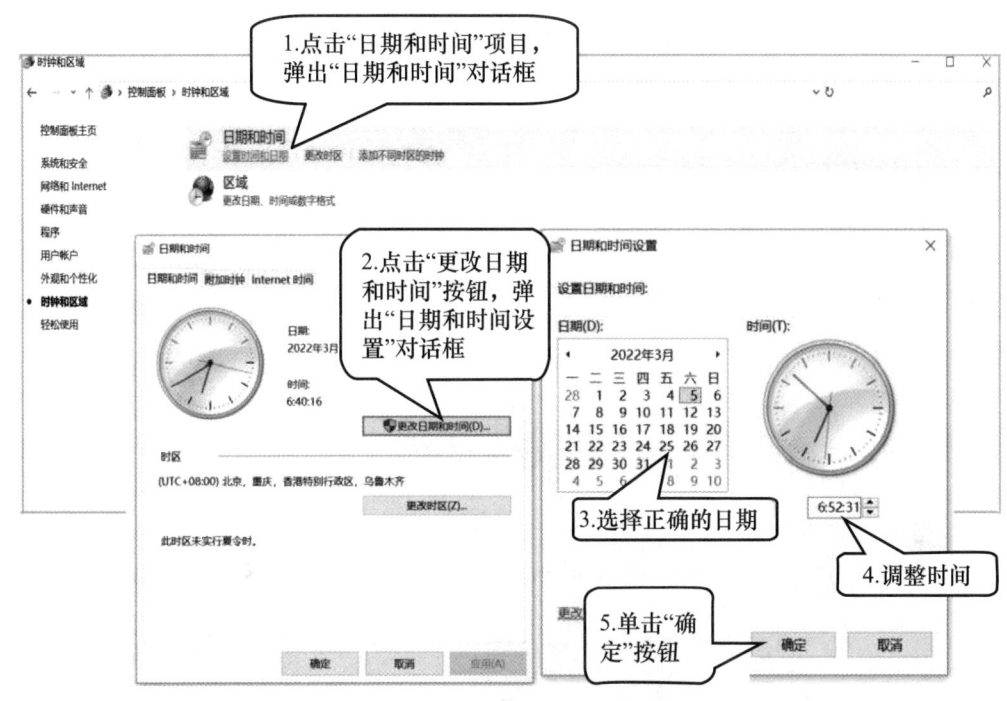

图 2-6　设置系统日期和时间

2.3.2　桌面设置

默认情况下，初始安装 Windows 10 时，桌面上只有一个"回收站"图标，用户可以根据需要在桌面上添加图标，并且可以自由更改桌面背景。

1. 快捷菜单

快捷菜单是 Windows 中经常使用的一个元素。右击各种对象，通常都会弹出一个相应的快捷菜单，其中列出关于选中对象的相关操作命令，如图 2-7 所示。

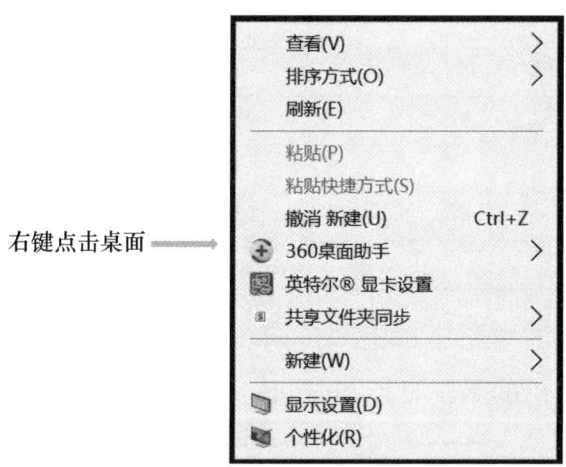

图 2-7　桌面快捷图标

2. 任务栏的通知区域

通知区域位于任务栏的右端，显示系统日期和时间、音量、网络状态、当前运行的程序等信息，如图 2-8 所示。

图 2-8　通知区域

将自己喜欢的图片设置为桌面背景，操作方法如图 2-9 所示。

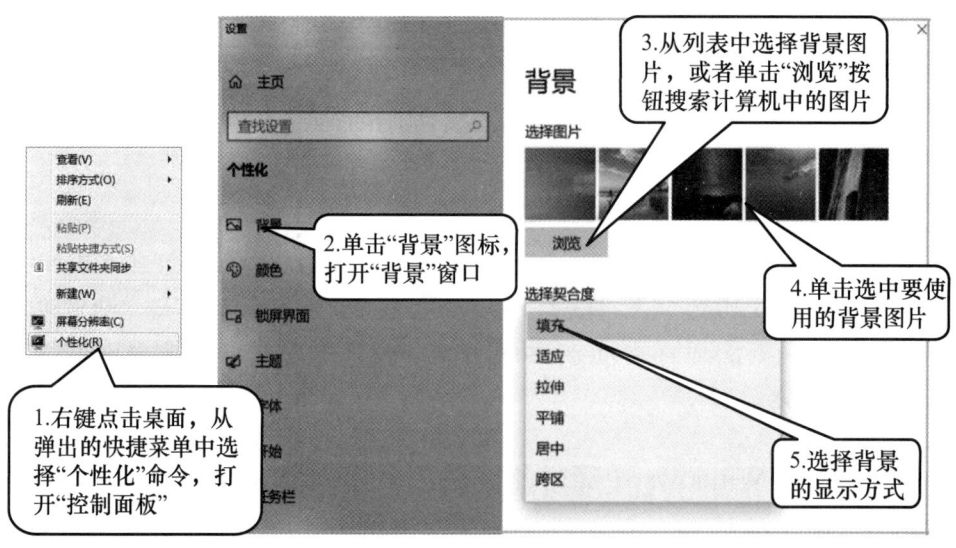

图 2-9　更换桌面背景

2.4　Windows 10 操作系统管理

操作系统是支持计算机工作的基础软件，必须要对其进行正确管理才能保持计算机正常运行，因此，想要更好地使用 Windows10 操作系统，必须要学习 Windows 10 操作系统的管理知识。

通过本节的学习，您将掌握以下内容：

◆文件和文件夹的概念与操作。

◆资源管理器的使用。

◆磁盘管理与维护。

2.4.1　文件与文件夹

1. 文件的概念与结构

（1）文件的概念。文件是数据的基本存储单位，每个文件都是一个数据集合。文件的类型是根据文件存储内容的不同而分的，可以是文字、图形、图像、声音等。不同类型文件，其显示的图标也不同。常见的文件图标如图 2-10 所示。

图 2-10　常见的文件图标

（2）文件的结构。文件的名称由"主文件名"和"扩展名"两部分构成，主文件名即文件的名称，由英文字符、数字及一些字符组成，主文件名中不能使用的字符有？*/\　|　""：<>，在同一文件夹中不能出现同名

文件；扩展名标志文件类型，中间用分隔符"."分开。

（3）常见的文件类型。在 Windows 中，文件按照其所包含的信息主要可分为程序文件、支持文件、文档文件、多媒体文件、图像文件等。表 2-2 列出了常见的扩展名对应的文件类型。

表 2-2　常见的扩展名对应的文件类型

扩展名	文件类型	扩展名	文件类型
.com	命令程序文件	.bak	备份文件
.exe	可执行文件	.doc 或 .docx	Word 文档
.bat	批处理文件	.bmp	图形文件
.sys	系统文件	.hlp	帮助文件
.txt	文本文件	.inf	安装信息文件
.dbf	数据库文件	.xls 或 .xlsx	电子表格文件

2. 认识文件夹

文件夹是图形用户界面中用于放置程序和文件的容器，在屏幕上用一个个文件夹图标表示，如图 2-11 所示。文件夹中既可包含文件，也可包含其他文件夹。

图 2-11　文件夹图标

3. 文件的路径

文件的路径是指文件存放的位置，表示一个文件的完整路径的方法为：驱动器\文件夹\文件名。例如，存放在 D 盘下的"学生成绩"文件夹中的"期中成绩.doc"文件的完整路径表示为"D：\学生成绩\期中成绩.doc"。

4. 选择文件或文件夹

（1）选择单个文件或文件夹。单击该文件或文件夹。

（2）选择多个相邻的文件或文件夹。按住 Shift 键，单击要选择的第一个文件或文件夹，再单击要选择的最后一个文件或文件夹。

（3）选择多个不相邻的文件或文件夹。按住 Ctrl 键，分别单击所有需要选择的文件或文件夹。

5. 移动文件或文件夹

（1）移动文件或文件夹的一般方法。先选定要移动的文件或文件夹，选择"编辑/剪切"命令，或按下 Ctrl＋X 组合键，再打开目标盘或目标文件夹，选择"编辑/粘贴"命令或按下 Ctrl＋V 组合键。

（2）在同一驱动器之间的移动。用鼠标按住要移动的非程序文件或文件夹，直接拖到目标位置。注意，在同一驱动器上拖动程序文件是建立文件的快捷方式，而不是移动文件的快捷方式。

（3）在不同驱动器之间的移动。先选定要复制的文件或文件夹，按住 Shift 键的同时，拖动要移动的文件或文件夹到目标位置。

6. 复制文件或文件夹

（1）复制文件或文件夹的一般方法。先选定要复制的文件或文件夹，选择"编辑/剪切"命令，或按下 Ctrl＋C 组合键，再打开目标盘或目标文件夹，选择"编辑/粘贴"命令或按下 Ctrl＋V 组合键。

（2）在同一驱动器之间的复制。按住 Ctrl 键，用鼠标按住要移动的非程序文件或文件夹，直接拖到目标位置。

（3）在不同驱动器之间的移动。选定要复制的文件或文件夹，直接拖动要移动的文件或文件夹到目标位置。

7. 删除和恢复文件或文件夹

（1）删除文件或文件夹。选中文件或文件夹，按 Delete 键即可将其删除。

（2）恢复被删除的文件或文件夹。为了避免不可挽回的错误，删除的文件或文件夹并没有完全从计算机中清除，而是被存放在"回收站"中，如果发现文件或文件夹被误删除，可以打开"回收站"，从中进行恢复。

（3）清空回收站。在"回收站"的工具栏上单击"清空回收站"按钮，可以将"回收站"中的文件彻底从计算机中清除。

（4）移动存储中被删除的文件和文件夹，不进入回收站，直接删除。

恢复被删除的文件，操作方法如图 2-12 所示。

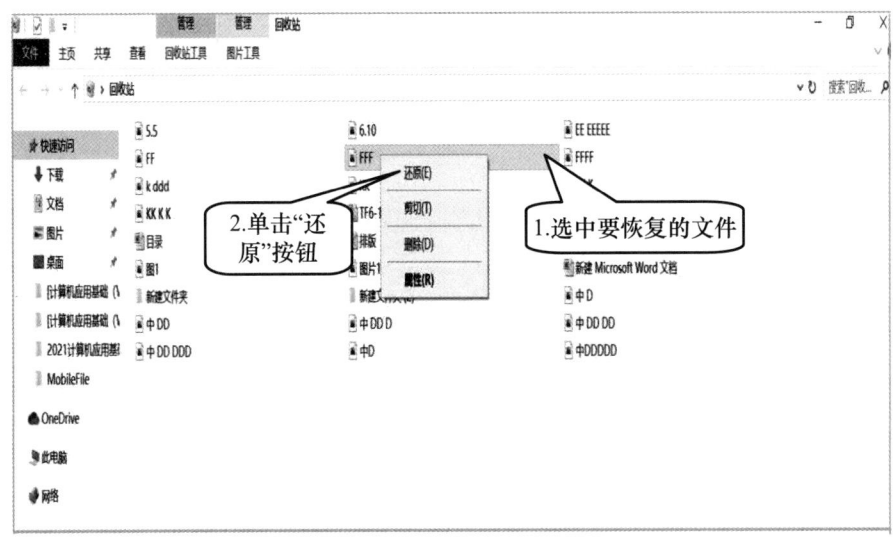

图 2-12 恢复被删除的文件

8. 重命名文件或文件夹

先单击选中要改名的文件或文件夹，再单击其名称，使其进入编辑状态，直接输入新的名称，按 Enter 键确认即可。

2.4.2 文件资源管理器

资源管理器是 Windows 系统提供的资源管理工具，采用树形的文件系统结构，可以让用户清楚直观地查看本台计算机中的所有资源。Windows10 文件资源管理器窗口由文件资源管理器功能区、导航窗格、常用文件夹、最近的文件四部分组成。

1. 磁盘

微型计算机的外存储器一般以硬盘为主，为了便于管理，使用硬盘前会先对其进行分区，划分为多个逻辑盘。硬盘的盘符从 C 开始顺序给出，依次表示为"C:""D:""F:"等，每个分区都可以像单独的驱动器一样被访问。

2. 库

Windows 10 中的资源管理器引入了"库"的概念，使用库可以方便地组织和访问文件，而不用管它实际保存在什么位置。默认状态下，库中包含了"视频""图片""文档""音乐"常用文件类型，用户可以将常用的文件或文件夹放到库中，以避免每次使用时都需要寻找路径，如图 2-13 所示。

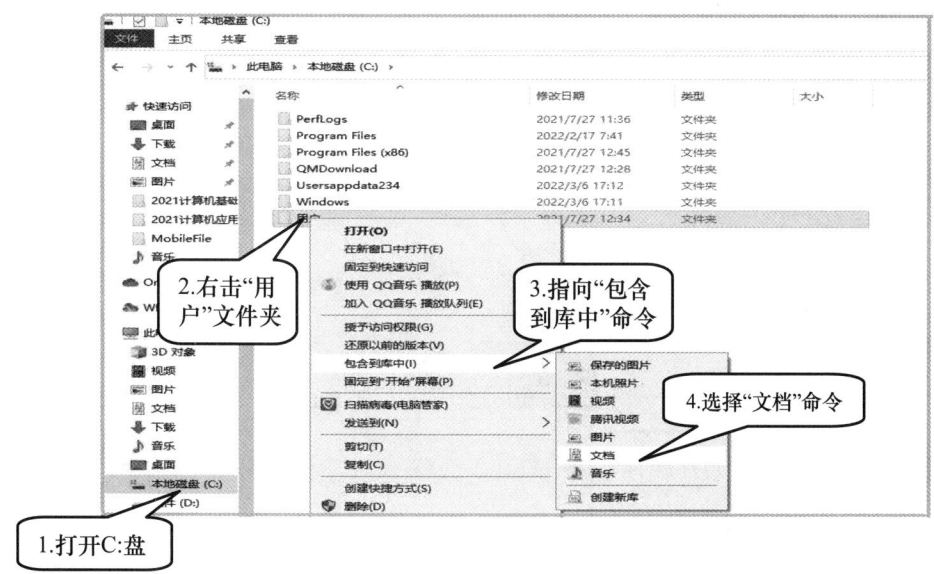

图 2-13　将常用文件夹包含到"文档"库中

3. 资源管理器的基本操作

在资源管理器中不但可以查看本台计算机中的所有资源，还能够对文件进行打开、复制、移动等各种操作。右击"开始"按钮，从弹出菜单中选择 Windows 系统，打开"文件 Windows 资源管理器"命令，即可打开资源管理器窗口。

在文档库中新建一个文件夹，将其更名为"我的最爱"，如图 2-14 所示。

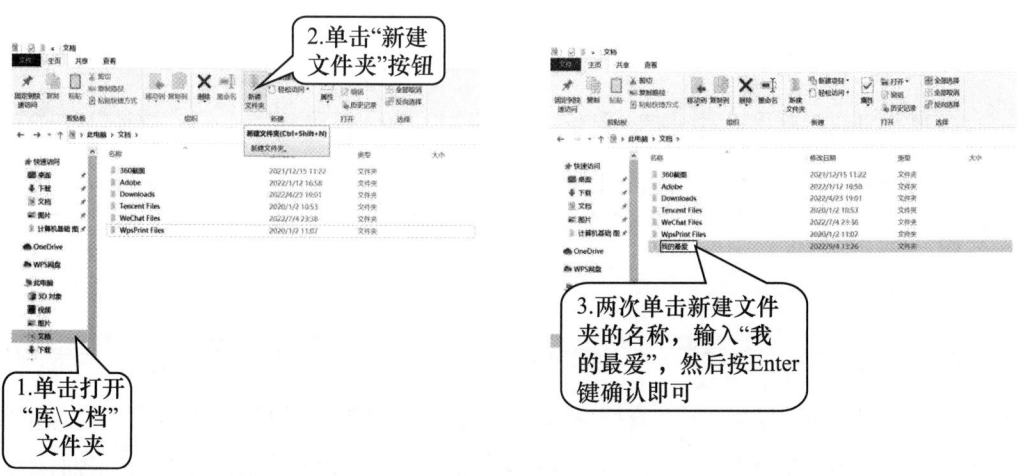

图 2-14　新建并重命名文件夹

在 D 盘建立 A1 文件夹,将"库/图片/示例图片"文件夹中的任一图片文件复制、粘贴到 D 盘的 A1 文件夹中,如图 2-15 所示。

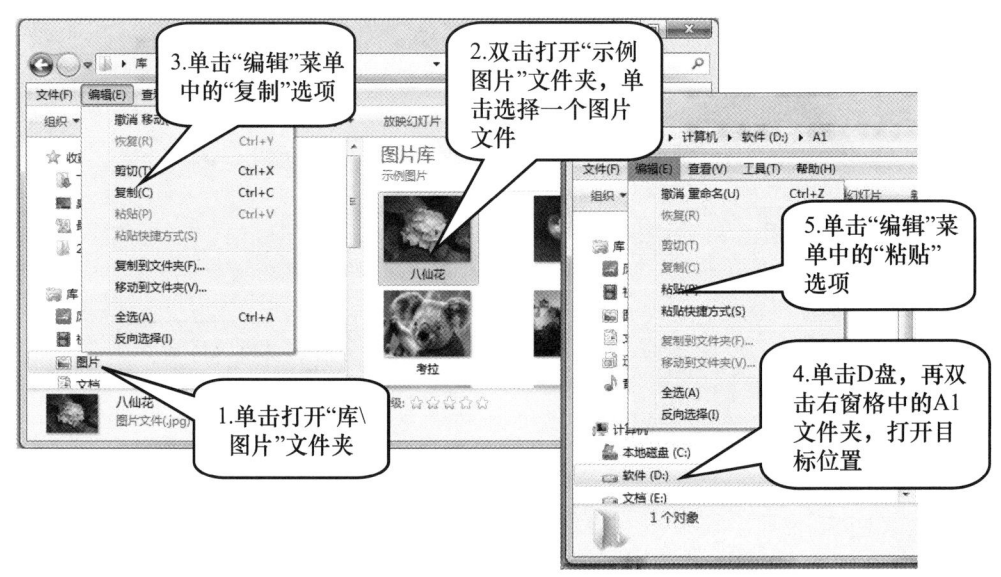

图 2-15 复制和粘贴文件夹

2.4.3 磁盘管理与维护

计算机使用一段时间后,会产生一些垃圾文件,这些垃圾文件不但占用磁盘空间和系统资源,还会影响计算机的运行速度,因此,计算机在使用一段时间后,就需要对磁盘进行必要的管理和维护,如整理磁盘磁片、清理磁盘垃圾等。

1. 查看磁盘属性

在桌面上双击"此电脑"图标,打开"此电脑"窗口,右击某一盘符,从弹出的快捷菜单中选择"属性"命令,可打开该磁盘的"属性"对话框,查看该磁盘的属性。

2. 系统维护工具

在磁盘的"属性"对话框中可以调出系统维护工具,例如,在"常规"选项卡中单击"磁盘清理"按钮可调出"磁盘清理"工具,在"工具"选项卡中单击"开始检查""立即进行碎片整理""开始备份"按钮可以分别调出"检查碎片""磁盘碎片整理程序""备份和还原"工具等。

清理磁盘垃圾，具体操作如图 2-16 所示。

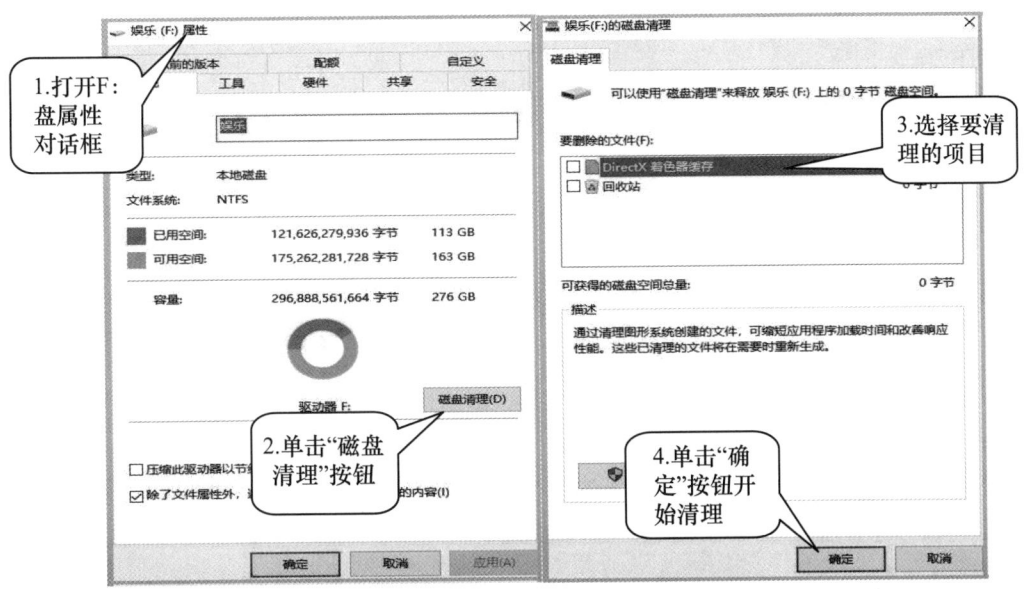

图 2-16　清理磁盘

2.5　Windows 10 操作系统实用附件工具

Windows10 自带了很多实用工具，如记事本、画图、计算器、截图工具等，使用它们可以方便地完成日常简单工作。

通过本节的学习，您将掌握以下内容：

◆附件工具程序的打开方法。

◆常用附件工具的使用。

2.5.1　打开附件工具程序

Windows 10 操作系统自带的实用工具通常集中在"Windows 附件"中，可以从"开始"—"Windows 附件"—"画图"菜单中选择相应命令，打开程序，如图 2-17 所示。

2.5.2　"写字板"工具的使用

"写字板"是一种简单的文本编辑工具，使用方法如图 2-18 所示。

计算机应用基础

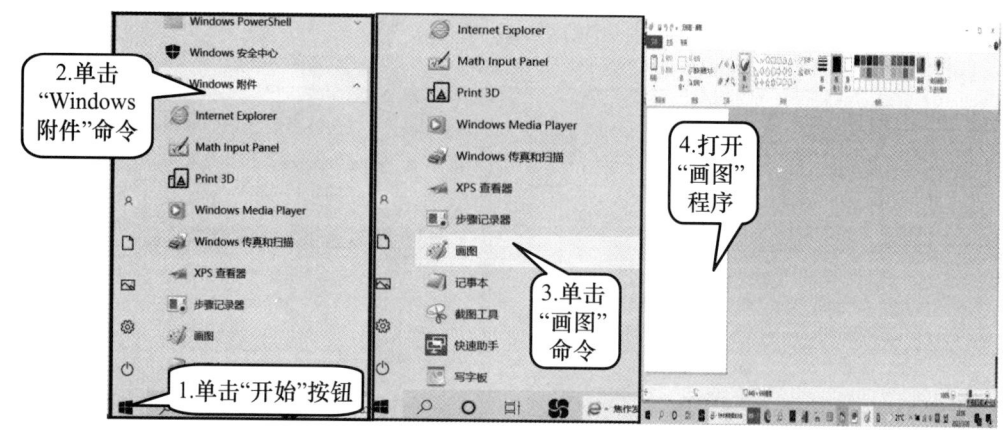

图 2-17 打开"画图"程序

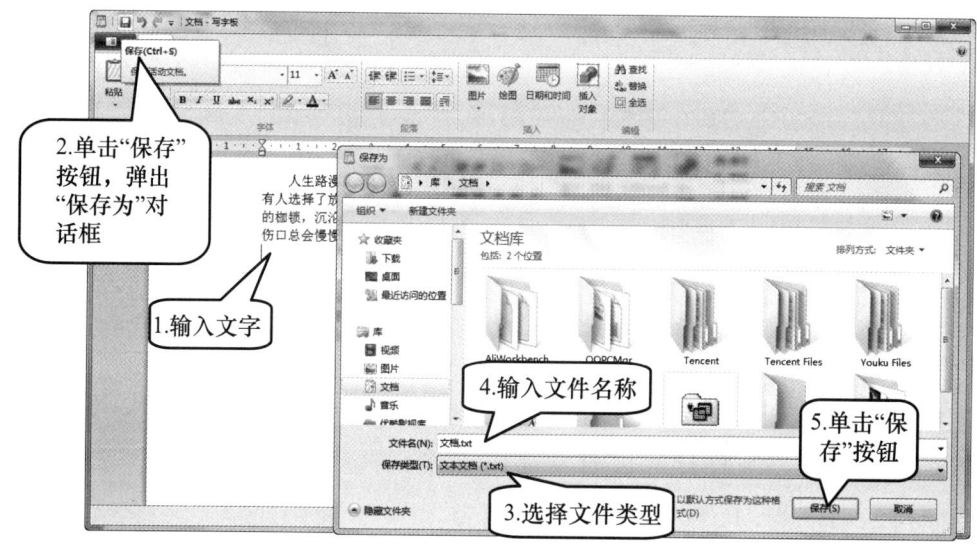

图 2-18 用"写字板"编辑文本文件

2.5.3 "画图"工具的使用

使用"画图"工具可以像在画板上画画一样创建图画，或者在现有图片上创建绘图。"画图"工具提供了各种画图工具、形状工具和颜色工具，可以任意创建绘图，并且可以裁剪、放置、调整大小等。用画图工具编辑现有图片的方法如图 2-19 所示。

2.5.4 截图工具的使用

Windows 自带的截图工具具有非常实用的功能，使用它不但可以截取全屏、窗口、矩形区域，还可以截取任意格式的图像区域，如图 2-20 所示。

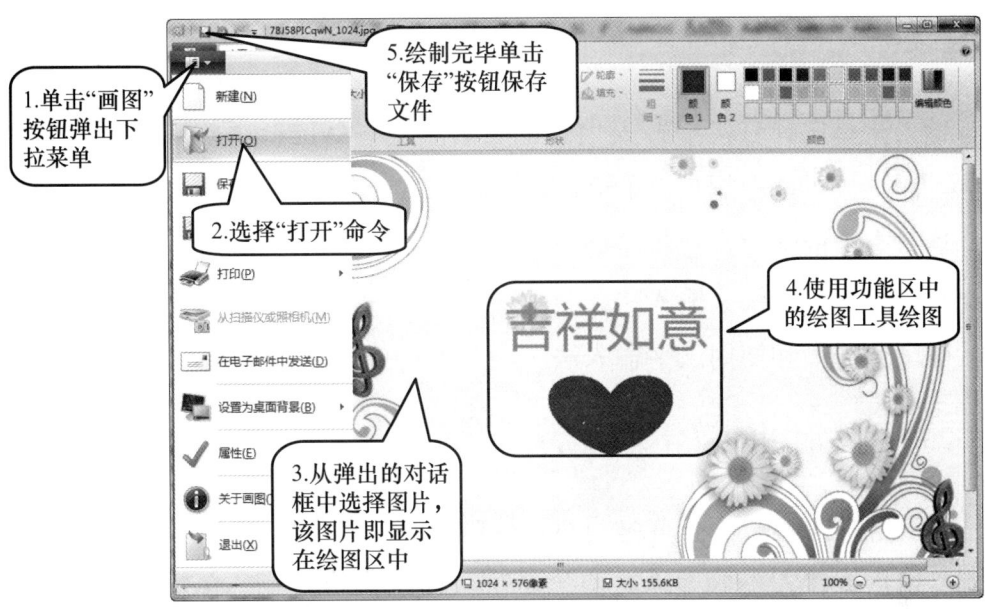

图 2-19　用"画图"程序编辑图像文件

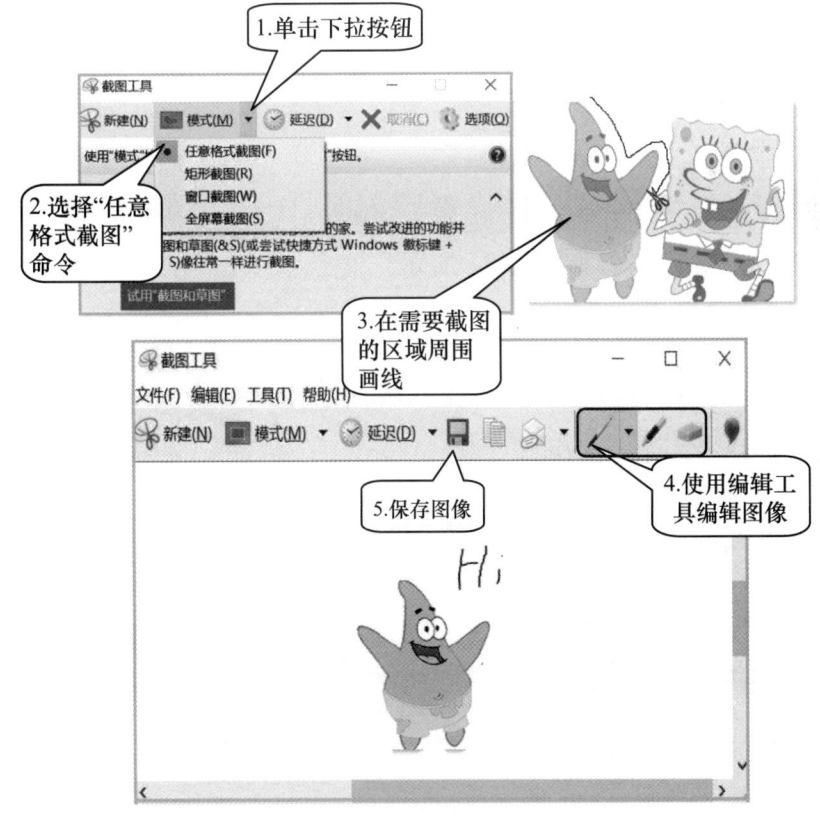

图 2-20　用截图工具截取和编辑图像

2.6 输入法

输入法是向计算机中输入信息的重要工具，Windows 10 自带了微软输入法，用户也可以根据自己的爱好和习惯来安装其他的汉字输入法。

通过本节的学习，您将掌握以下内容：

◆了解常用的汉字输入法。

◆学会选择和使用汉字输入法。

2.6.1 常用的汉字输入法

常用的汉字输入法有音码输入、形码输入、音形码输入 3 种类型，音码采用汉语拼音作为编码方式，简单易学，如搜狗拼音输入法、智能 ABC 输入法等；形码是依据汉字字型进行编码的，如五笔字型输入法；音形码则是以拼音加汉字笔画或偏旁进行编码的，如万能五笔输入法。

2.6.2 选择汉字输入法

1. 添加和删除输入法

打开"开始"菜单，单击"设置"按钮，打开"时间和语言"对话框，即可添加或删除输入法，如图 2-21 所示。

2. 输入法的快捷键

使用键盘快捷键可以快速切换输入法或输入法状态。表 2-3 列出了常用的输入法快捷键及其相应功能。

表 2-3 常用的输入法快捷键及其功能

快捷键	功能
Ctrl+Shift	切换输入法
Ctrl+空格键	中英文输入法之间切换
Shift+空格键	半角、全角之间切换
Ctrl+"."	中英文标点之间切换

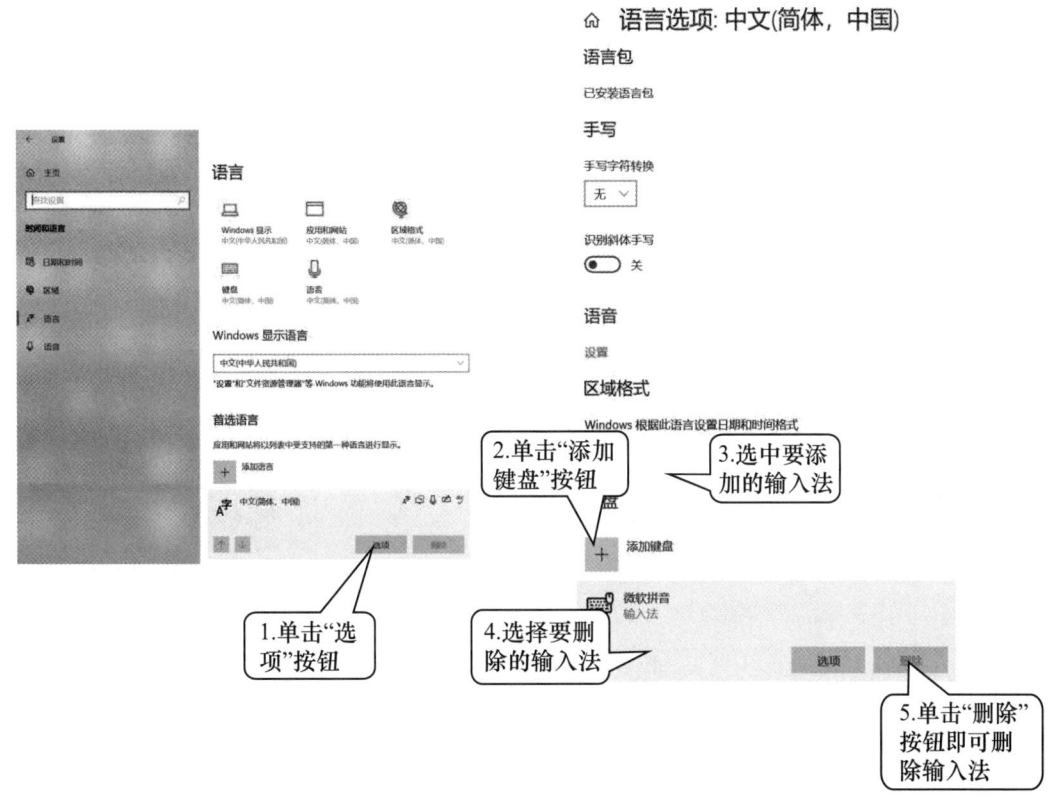

图 2-21 添加和删除输入法

2.6.3 输入汉字

1. 调用输入法

在使用输入法输入字符之前,需要先将要使用的输入法调出来,如图 2-22 所示。

2. 输入法状态栏的使用

除了可以使用快捷键切换输入法状态外,还可以通过单击输入法状态条上的按钮来完成状态切换,此外,使用输入法状态栏还可以调用软键盘完成各种符号的输入、输入法的功能设置等操作,如图 2-23 所示。

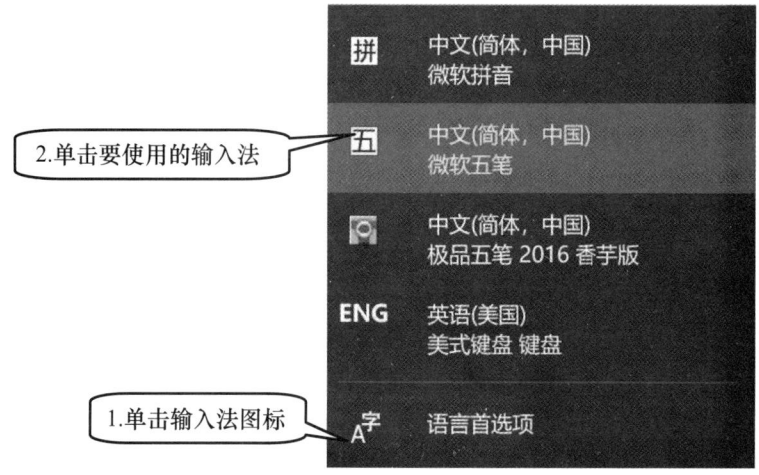

图 2-22 选择输入法

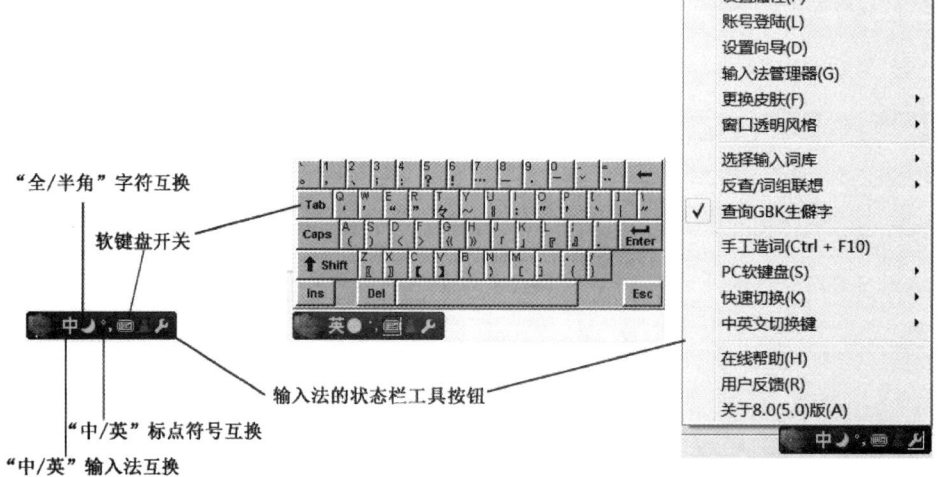

图 2-23 输入法状态栏的使用

3. 使用输入法输入汉字

打开"写字板",使用搜狗拼音输入法录入以下文字:"今天是 2021 年 6 月 1 日。",如图 2-24 所示。

根据家庭各成员类别不同,电脑需要安装哪些输入法,填在表 2-4 中。

扫一扫,扩展阅读

2 Windows 10 操作系统

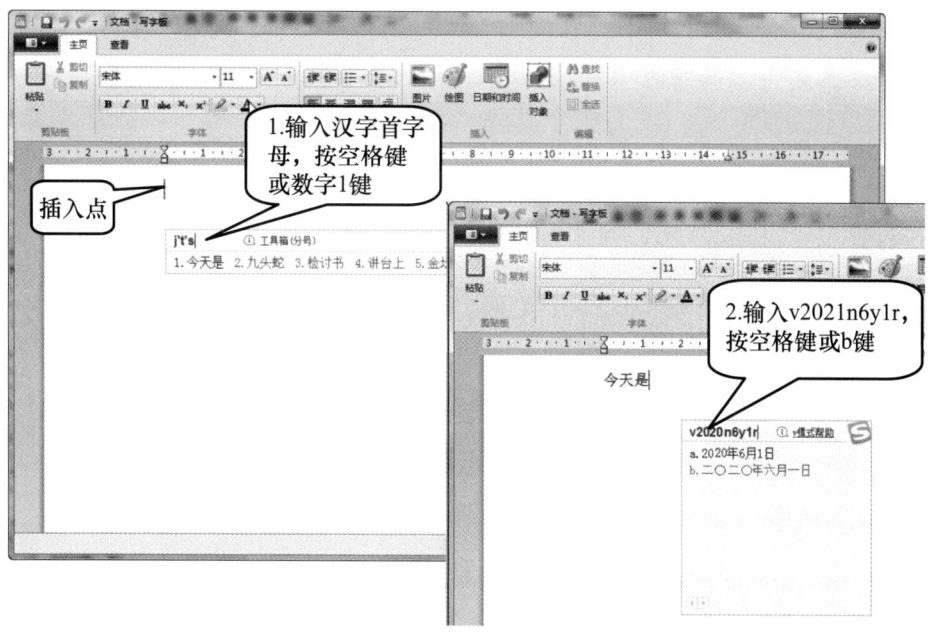

图 2-24　用搜狗拼音输入法输入中文

表 2-4　各类人群所用输入法

类别	能力	输入法
儿童	只会拼音	
成年人	会拼音、五笔	
老人	不会拼音、五笔	

扫一扫，做练习

3

文字处理软件 Word 2010 应用

Word 2010 是 Microsoft Office 2010 办公组件之一,由 Microsoft 公司推出,是一款优秀文字处理软件。Word 2010 功能强大,简单易用,主要应用于日常办公和文字处理。

3.1 文档基本操作

在学习 Word 2010 的使用方法之前,我们需要先了解一些 Word 2010 的基础知识。

通过本节的学习,您将掌握以下内容:
◆新建和打开 Word 文档的方法。
◆Word 文档的编辑与保存。
◆Word 文档的关闭与退出程序。

3.1.1 Word 2010 窗口组成

启动 Word 2010 后,将打开 Word 2010 的窗口,其工作界面如图 3-1 所示。

(1)标题栏。显示正在编辑文档的文件名以及所使用的软件名。

(2)"文件"选项卡。包含 Office 的基本操作命令,如图 3-2 所示。

(3)快速访问工具栏。包含 Office 的常用工具,也可以添加个人常用命令,如图 3-3 所示。

3 文字处理软件 Word 2010 应用

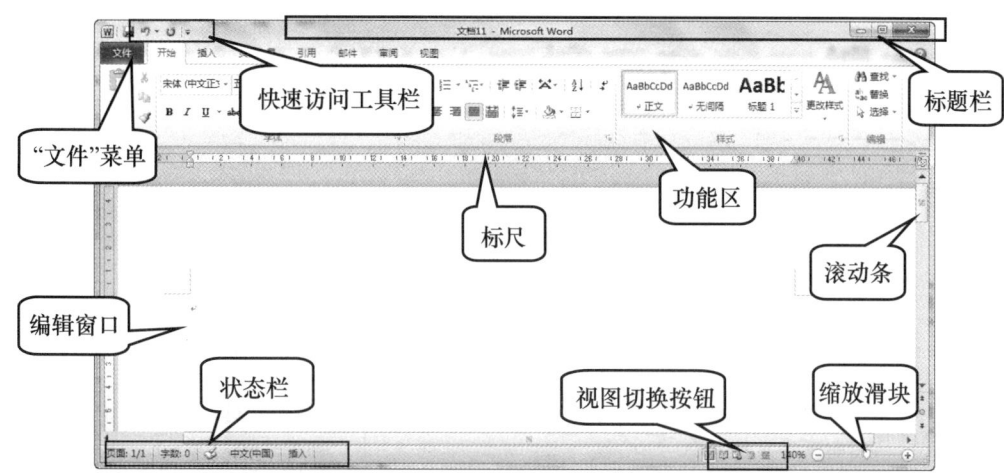

图 3-1　Word 2010 工作界面

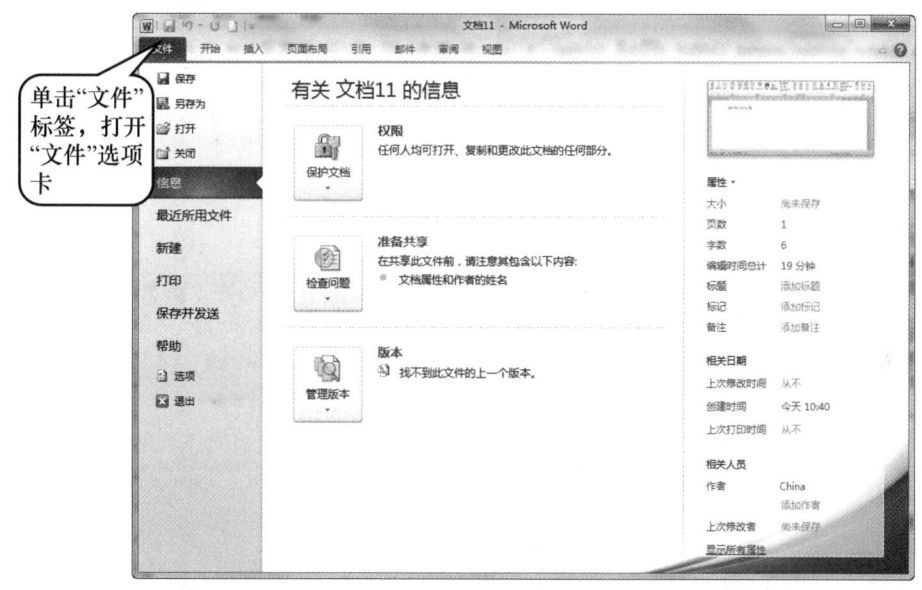

图 3-2　Word 2010 "文件"选项卡

（4）功能区。集合了工作时需要用到的命令，与其他软件中的菜单或工具栏相同。

（5）编辑窗口。显示正在编辑的文档。

（6）视图切换按钮。可用于更改正在编辑文档的显示模式。Word 2010 提供了 5 种版式视图，该按钮组中的每个按钮与某种版式的视图对应，单击对应按钮即可切换到相应的版式视图。Word 中 5 种视图具体操作功能见表 3-1 所示。

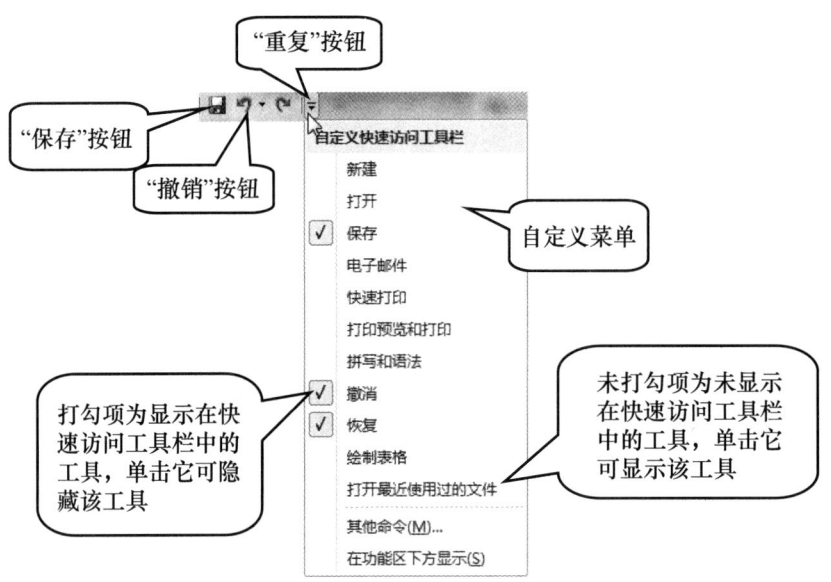

图 3-3 快速访问工具栏

表 3-1 视图切换按钮的操作

视图	视图模式功能
页面视图	该视图可以输入、编辑和排版文档,也可以处理页边距、图文框、分栏、页眉、页脚、Word 绘制的图形等;其显示与最终打印的效果相同,具有所见即所得的效果
阅读版式视图	该视图以图书的分栏样式显示 Word 文档,"文件"选项卡、功能区等窗口元素被隐藏起来。它模拟书本阅读的方式,用户可以单击"工具"按钮选择各种阅读工具,使阅读文档十分方便
Web 版式视图	该视图使正文显示得更大,显示和阅读文章最佳。可看到背景和为适应窗口而换行显示的文本,且图形位置与在 Web 浏览器中的位置一致
大纲视图	该视图可显示文档结构,并可通过拖动标题来移动、复制或重新组织正文。也可以"折叠"文档的标题或子标题或通过工具栏上的"升级"或"降级"按钮升降标题级别
草稿视图	该视图仅显示文本和段落格式,而不能分栏显示、首字下沉、页眉、页脚、脚注、页号、边距以及用 Word 绘制的图形等不可见

(7) 滚动条。可用于更改正在编辑文档的显示位置。

(8) 缩放滑块。可用于更改正在编辑文档的显示比例设置。

(9) 状态栏。显示正在编辑文档的相关信息,如当前光标所在的页号、当前页/总页数、位置、行号和列号。

(10) 标尺。用来设置段落缩进格式。

3.1.2 Word 2010 文件基本操作

1. 启动 Word 2010

常用方法有以下 3 种。

(1) 从"开始"菜单启动,如图 3-4 所示。

(2) 通过桌面快捷方式启动。双击桌面上的 Word 2010 快捷方式图标启动。

(3) 直接打开 Word 文档。双击资源管理器或文件夹中的 Word 文档图标启动。

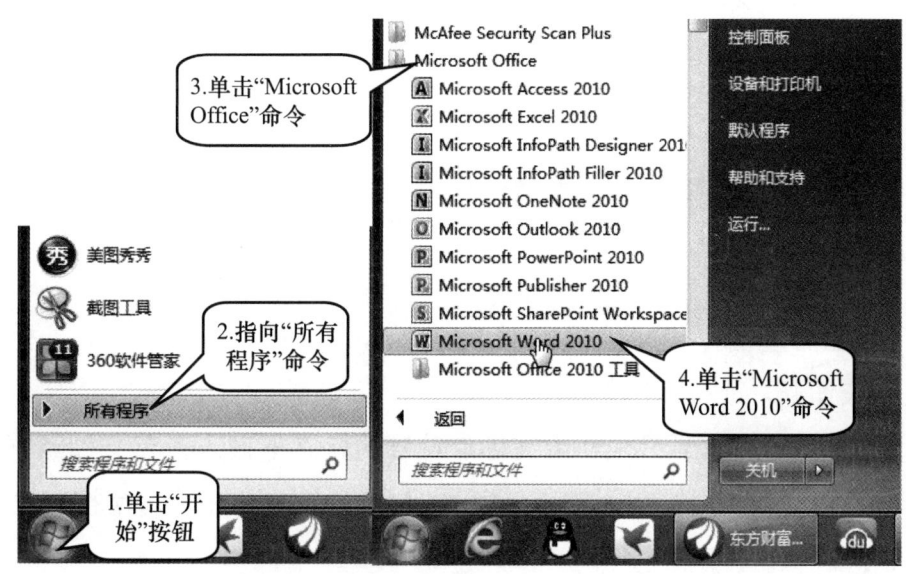

图 3-4 从"开始"菜单启动 Word 2010

2. 新建空白文档

启动 Word 2010 后,系统会自动创建一个空白文档,也可以通过以下 3 种方法之一新建一个空白文档。

(1) 通过"文件"菜单新建一个空白文档,如图 3-5 所示。

(2) 按下 Ctrl+N 组合键。

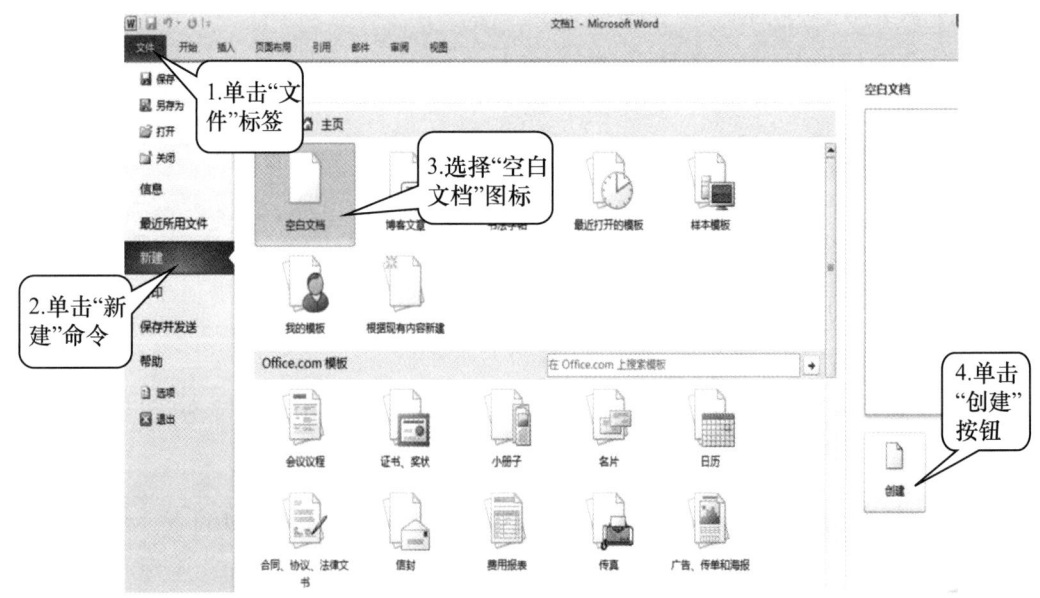

图 3-5 通过"文件"菜单新建空白文档

3. 输入文本

(1) 录入文档内容时,从插入点开始。

(2) 需要换段时,按下 Enter 键。如果只换行不换段,则按下 Shift+Enter 组合键。

(3) 如需重复操作(如重复录入某字),可单击快速访问工具栏上的"重复"按钮,或按 F4 键。

(4) 中文标点符号必须在中文标点符号的状态下输入;英文标点符号必须在英文标点符号的状态下输入,可通过中英文标点符号切换按钮来实现切换。

(5) 在录入过程中如出现错误,可通过单击"撤销"按钮 撤销输入,或按退格键删除光标前面的字符,按下 Delete 键删除光标后的字符。

4. 自动插入日期和时间

在 Word 中输入日期和时间时,可以利用 Word 的自动插入功能来插入当前的系统日期和时间,自动插入的日期和时间可随系统日期和时间自动更新。自动插入当前系统日期和时间的操作方法如图 3-6 所示。

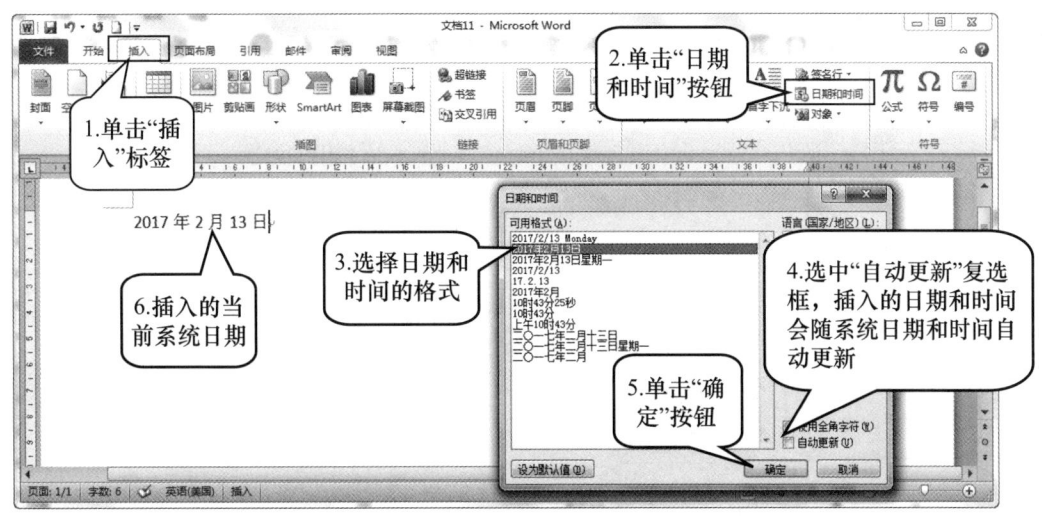

图 3-6 插入当前系统日期和时间

5. 输入特殊符号

使用键盘上的 Shift＋数字键可以输入一些常用的符号，如@、&、*等；通过切换软键盘，则可以输入更多的不同类型的符号。此外，在 Word 中，还可以通过"符号"对话框来插入各种各样、不同类型的符号和特殊符号，如图 3-7 所示。

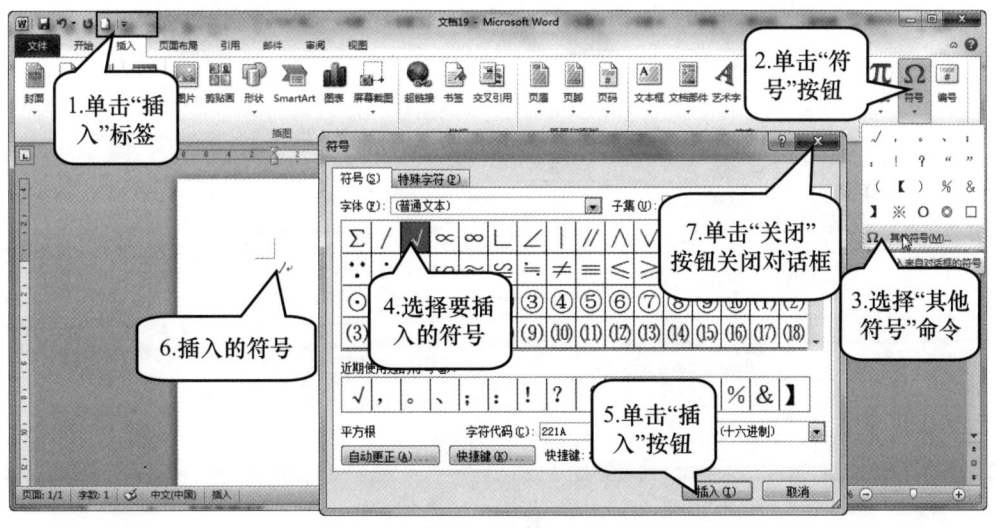

图 3-7 插入符号

6. 保存文档的 3 种方法

(1) 单击快速访问工具栏上的"保存"按钮。

(2) 选择"文件"—"保存"命令。

(3) 选择"文件"—"另存为"命令,保存文档的备份。

当选择"文件"—"另存为"命令,或者第一次保存文档时,会弹出一个"另存为"对话框,用于指定文档名称和保存路径,如图 3-8 所示。

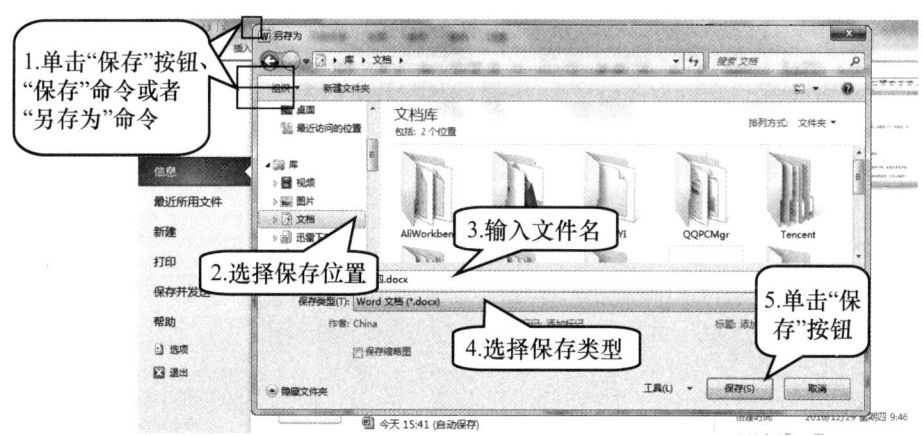

图 3-8 保存文档

7. 快速打开最近用过的 Word 文档

选择"文件"—"最近所用文件"命令,然后选择要打开的文档,如图 3-9所示。

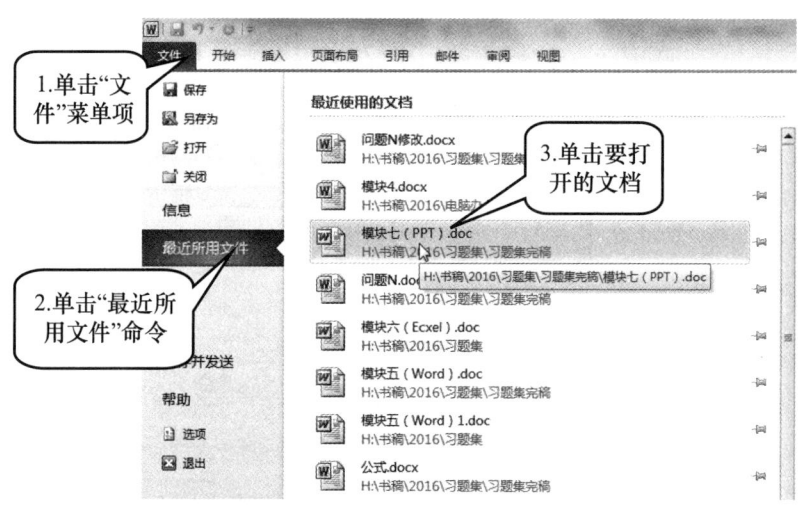

图 3-9 打开最近用过的 Word 文档

8. 定位插入点

插入点用于指示当前插入字符、图片等对象的位置，它的形态是一个闪烁的 I 形光标。用鼠标单击要插入内容的位置即可快速定位插入点，此外，也可以使用键盘快捷键来改变插入点的位置。表 3-2 列出了使用键盘改变插入点位置的方法。

表 3-2　使用键盘移动插入点的方法

移动范围	键盘操作	移动范围	键盘操作
向左移动一个字符	←	上一页	Page Up
向右移动一个字符	→	下一页	Page Down
向上移动一行	↑	向左移动一个词	Ctrl+←
向下移动一行	↓	向右移动一个词	Ctrl+→
行首	Home	行尾	End
向前移动一个段落	Ctrl+↑	上一页的顶部	Ctrl+Page Up
向后移动一个段落	Ctrl+↓	下一页的底部	Ctrl+Page Down
移到文档首	Ctrl+Home	窗口的顶端	Alt+Ctrl+Page Up
移到文档尾	Ctrl+End	窗口的底端	Alt+Ctrl+Page Down

制作一封家书。启动 Word 2010，系统自动创建一个空白文档，输入以下内容：

亲爱的爸爸、妈妈：

你们好！

我已顺利到达学校，并已办好入学手续。学校的环境很好，宿舍很干净，食堂伙食也不错，爸爸妈妈不用担心。

熄灯时间快到了，就不多写了。我不在家的日子里，希望爸爸妈妈保重身体，不要太操劳了，我一定会努力学习，报效祖国，为爸爸妈妈争气。

此致

　　　　　　　　　　　　　　　　　　　　　　　　　敬礼

爱你们的女儿：小岚

2021 年 1 月 26 日星期二

操作方法如图 3-10 所示。

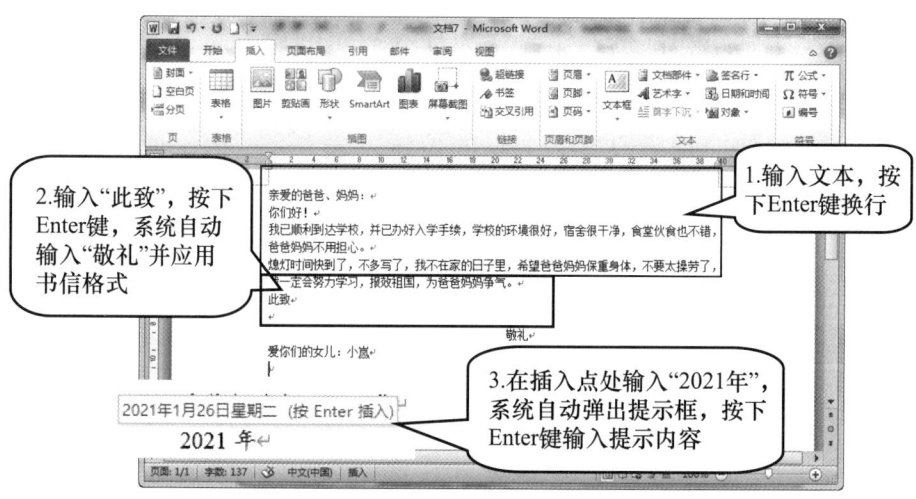

图 3-10　输入书信内容

将前面制作的家书保存为"信件.docx"文档,保存位置位于"库—文档"文件夹,如图 3-11 所示。

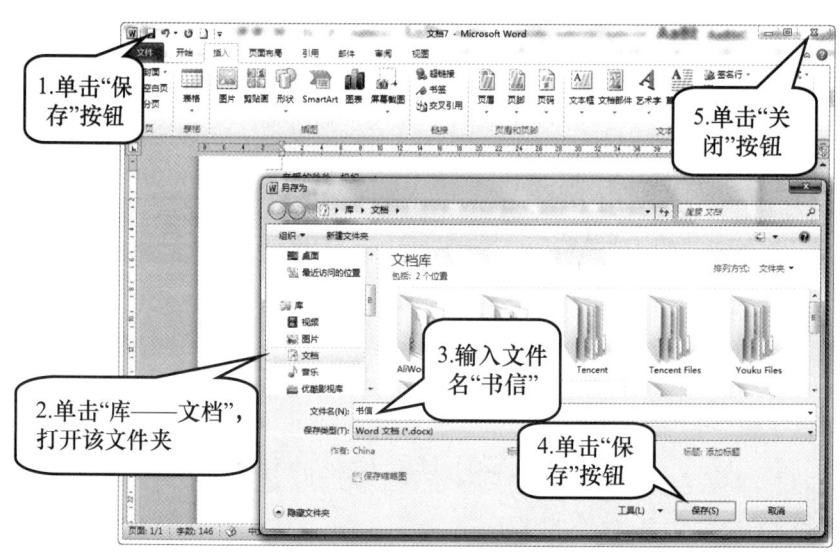

图 3-11　保存书信

3.2　设置文档格式

Word 2010 提供了功能强大的格式设置工具,可以非常容易地设置文档中文字的效果、段落的格式等,使整篇文档美观大方,给阅读者以良好的视觉享受。此外，还可以使用样式和格式刷来为字符或段落快速应用已有的格式。

通过本节的学习，您将掌握以下内容：

◆字符格式设置。

◆段落格式设置。

◆页面格式设置。

3.2.1　设置字符格式

1. 选定文本

如果要对文本中某部分进行格式设置，需要先选定这部分文本。选定文本的方法主要有以下 3 种。

（1）用鼠标选定文本。

① 按住 Ctrl 键，将鼠标光标移到所要选的句子中的任意位置处单击选定一个句子。

② 拖动鼠标左键直到要选定文本区的最后一个文字并松开选定任意大小的文本区。

（2）用键盘选定文本。选定文本常用的组合键及其相应功能如表 3-3 所示。

表 3-3　选定文本常用的组合键及其相应功能

组合键	功能
Shift＋→	选定插入点右边的一个字符或汉字
Shift＋←	选定插入点左边的一个字符或汉字
Shift＋↑	选定到上一行同一位置之间的所有字符或汉字
Shift＋↓	选定到下一行同一位置之间的所有字符或汉字
Shift＋Home	从插入点选定到它所在行的开头
Shift＋End	从插入点选定到它所在行的末尾
Shift＋Page Up	选定上一屏
Shift＋Page Down	选定下一屏
Ctrl＋A	选定整个文档

(3) 利用 Word 的扩展功能键 F8 选定文本。方法是将插入点移到选定区域的开始处后，先按下 F8 键打开扩展功能，再按下→键选取插入点右边的一个字符，或者按下↓键向下选取一行。按下 Esc 键可以关闭扩展选取方式，再按下任意键则可取消选定区域。

2. 字符格式设置工具

设置字符格式的工具有"开始"选项卡中的"文本"工具组、浮动工具栏、"字体"对话框等。

(1)"开始"选项卡。功能区的"开始"选项卡中"字体"组的工具用于设置字体格式，如图 3-12 所示。

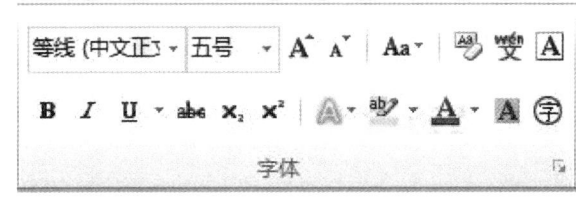

图 3-12　功能区"开始"选项卡中的"字体"工具组

(2) 浮动工具栏。浮动工具栏在选定文本时出现，其中只包含一些最常用的格式设置工具，如图 3-13 所示。

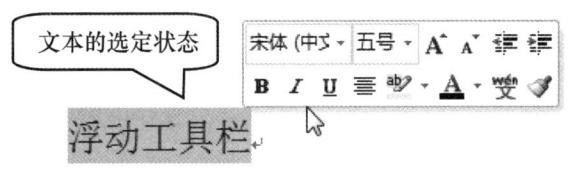

图 3-13　浮动工具栏

(3)"字体"对话框。单击"开始"选项卡中的"字体"组右下角的控件，即可打开"字体"对话框，在这里可以设置复杂的字符格式，如图 3-14 所示。

3. 字体格式

Word 文档中可以使用的字体取决于打印机提供的字体和计算机装入的字体文件。不同的字体有不同的外观形状，一些字体还可以带有自己的符号集。Word 中可以设置的字体格式主要有以下几种。

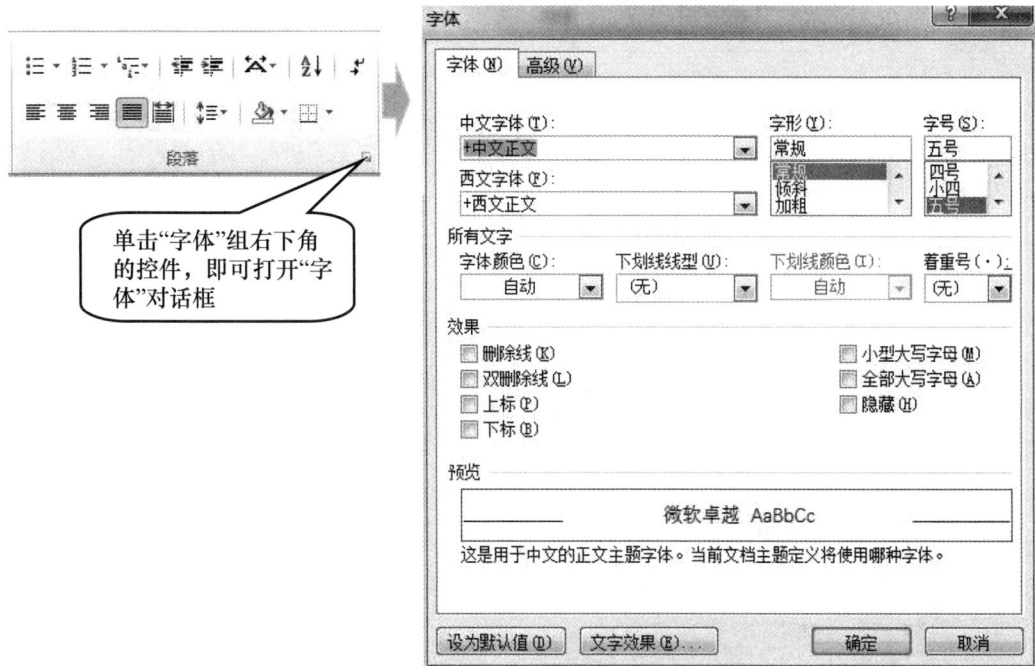

图 3-14 "字体"对话框

(1) 字体。包括中文字体和西文字体,前者只对中文有效,后者只对西文有效。

(2) 字号。即字符的大小。在 Word 中可以利用"号"和"磅"两种单位来度量字体大小,当以"号"为单位时,数值越小,字体越大;当以"磅"为单位时,数值越小,字体也越小。

(3) 字形。包括:加粗笔画,使文本向右倾斜,为文本添加下划线、边框、底纹,横向拉伸或收缩字符,改变文本颜色,使文本变成带有背景色的文本以便突出显示等。

设置书信的字体格式。打开"信件.docx"文档,将其中的文字设置为四号字、楷体、深蓝色,如图 3-15 所示。

3.2.2 设置段落格式

1. 段落格式

Word 中可以设置的段落格式主要有以下几种。

(1) 对齐方式。即段落中文本以文档的哪个边界为基准对齐。

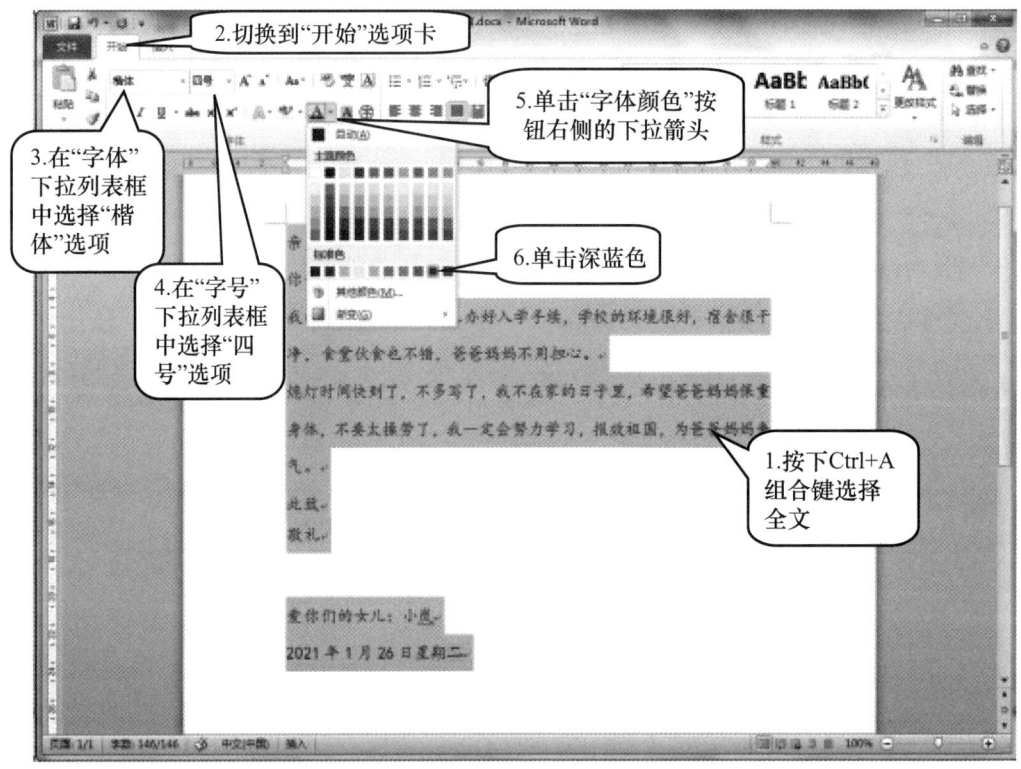

图 3-15 设置信件字体格式

（2）段落缩进。除了使用标尺之外，也可以使用"开始"选项卡"段落"组中的缩进工具来增加缩进量或减少缩进量。

（3）行间距和段间距。指文本行与行之间的距离和段落与段落之间的距离，段落间距包括段前间距和段后间距，如图 3-16 所示。

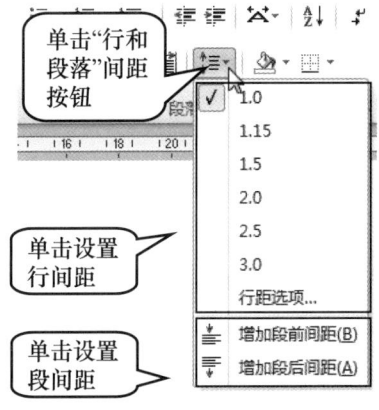

图 3-16 设置行间距和段间距

2. 段落格式设置工具

（1）"开始"选项卡中的"段落"工具组。功能区的"开始"选项卡中的工具用于设置字体格式、段落格式和使用 Word 内置的样式，如图 3-17 所示。

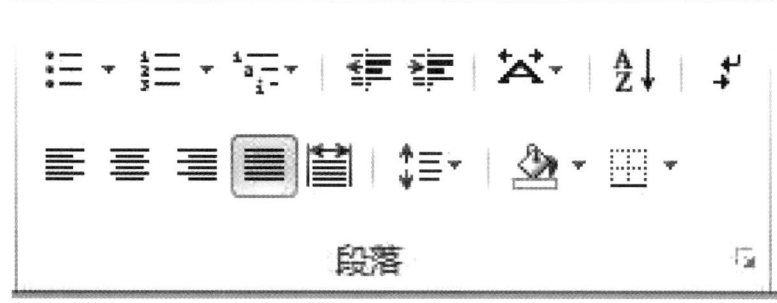

图 3-17　功能区的"开始"选项卡

（2）段落格式设置对话框。单击"开始"选项卡中的"段落"组右下角的控件即可打开"段落"对话框，如图 3-18 所示。

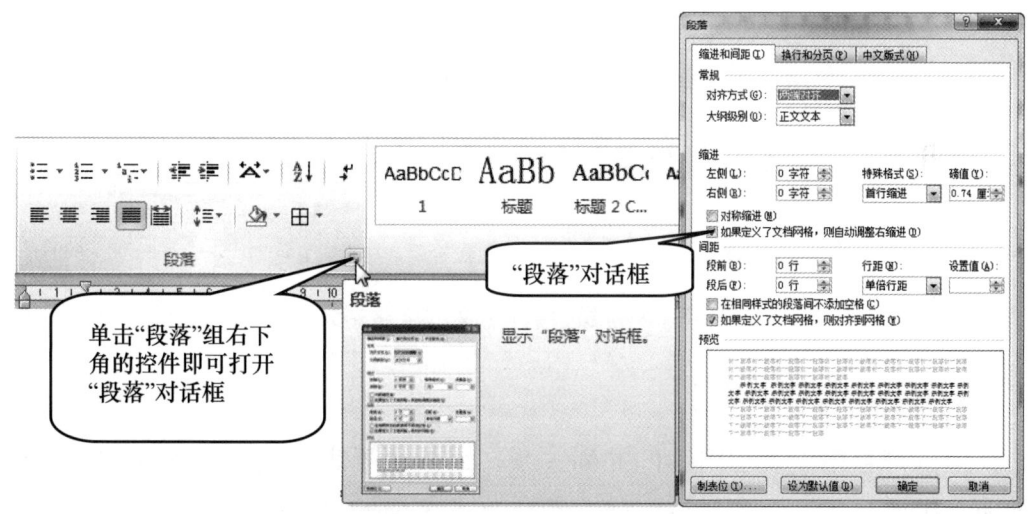

图 3-18　打开"段落"对话框

（3）设置书信的段落格式。信件的正规格式为：称呼行顶格靠左对齐，正文首行缩进 2 字符，署名与日期右对齐，如图 3-19 所示。

（4）设置信件正文的段落格式，如图 3-20 所示。

（5）设置署名和日期的段落格式，如图 3-21 所示。

亲爱的爸爸、妈妈：

你们好！

我已顺利到达学校，并已办好入学手续。学校的环境很好，宿舍很干净，食堂伙食也不错，爸爸妈妈不用担心。

熄灯时间快到了，不多写了。我不在家的日子里，希望爸爸妈妈保重身体，不要太操劳了，我一定会努力学习，报效祖国，为爸爸妈妈争气。

此致

敬礼

爱你们的女儿：小岚

2021 年 1 月 26 日星期二

图 3-19　标准信件格式

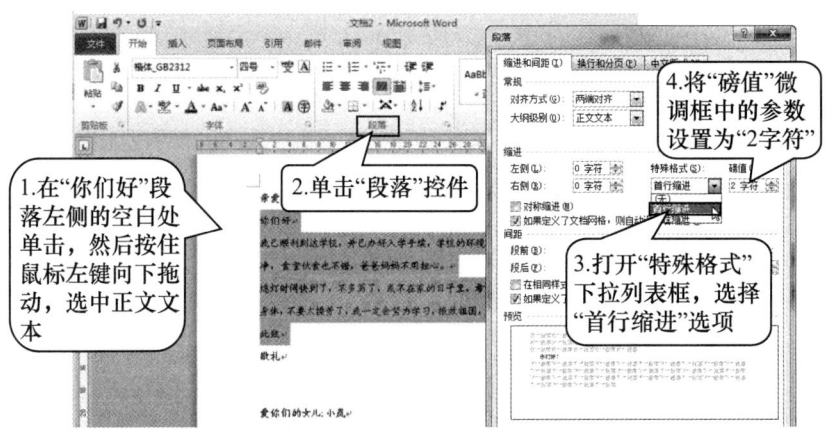

图 3-20　设置信件正文的段落格式

3. 项目符号和编号

项目符号用于表示内容的并列关系，编号用于表示内容的顺序关系，合理地应用项目符号与编号可以使文档更具有条理性。

（1）为段落添加项目符号和编辑。在 Word 中可以使用"开始"选项卡"段落"组中的"项目符号""编号"和"多级列表"按钮来为段落设置项目符号和编号。

（2）自定义项目符号和编号。有些时候可能"项目符号"与"列表"下拉菜单所提供的可用选项不一定符合用户的需求，这时用户可以根据需要自定义项目符号与编号。自定义的项目符号和编号样式会自动添加至"项目符号"或"编号"下拉菜单中。

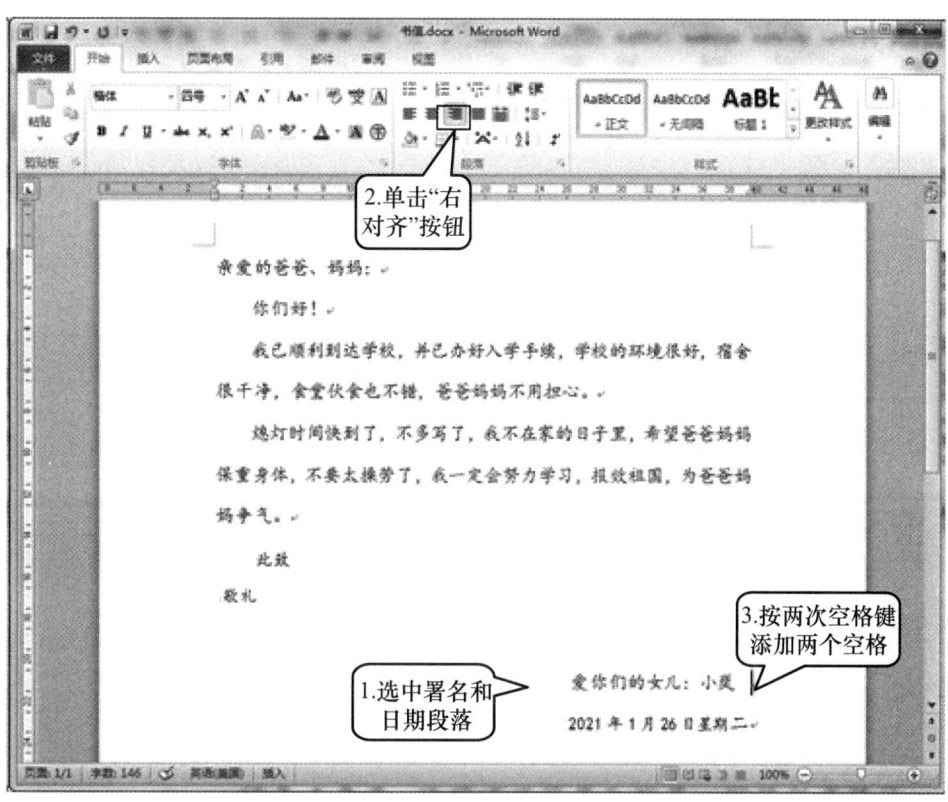

图 3-21　设置署名和日期的段落格式

自定义项目符号，操作方法如图 3-22 所示。

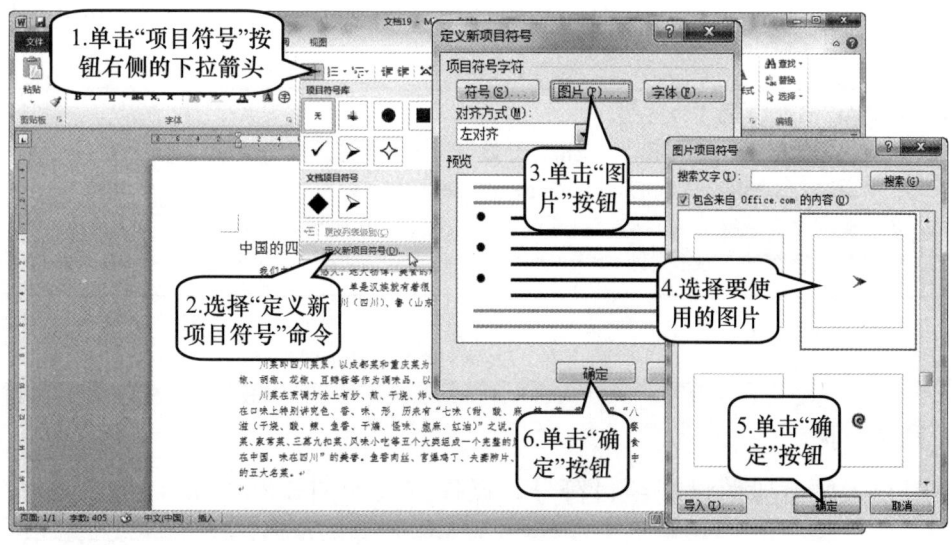

图 3-22　自定义项目符号

自定义编号，操作方法如图 3-23 所示。

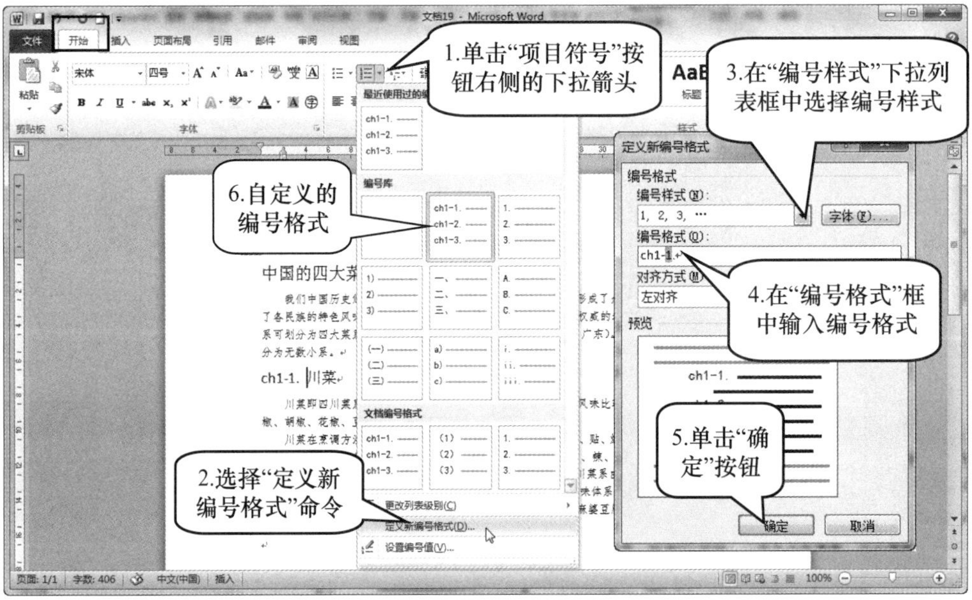

图 3-23　自定义编号

（3）更改项目符号级别。使用项目符号的段落可以定义多种级别，其效果类似于大标题和小标题之间的关系，比如当为几个文本段落应用了某种项目符号后，可以将除第一段落以外的其他段落降为其他级别的项目符号，使这些段落呈现出从属关系。

在 Word 文档中输入几段文字，并添加项目符号，然后更改第二个段落之后所有段落的项目符号级别，最终效果如图 3-24 所示。

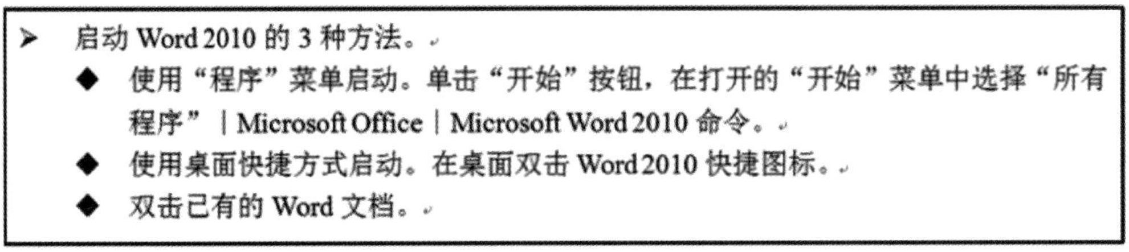

➢ 启动 Word 2010 的 3 种方法。

- ◆ 使用“程序”菜单启动。单击“开始”按钮，在打开的“开始”菜单中选择“所有程序”｜Microsoft Office｜Microsoft Word 2010 命令。
- ◆ 使用桌面快捷方式启动。在桌面双击 Word 2010 快捷图标。
- ◆ 双击已有的 Word 文档。

图 3-24　文档最终效果

操作方法：

（1）为所有段落设置项目符号，操作方法如图 3-25 所示。

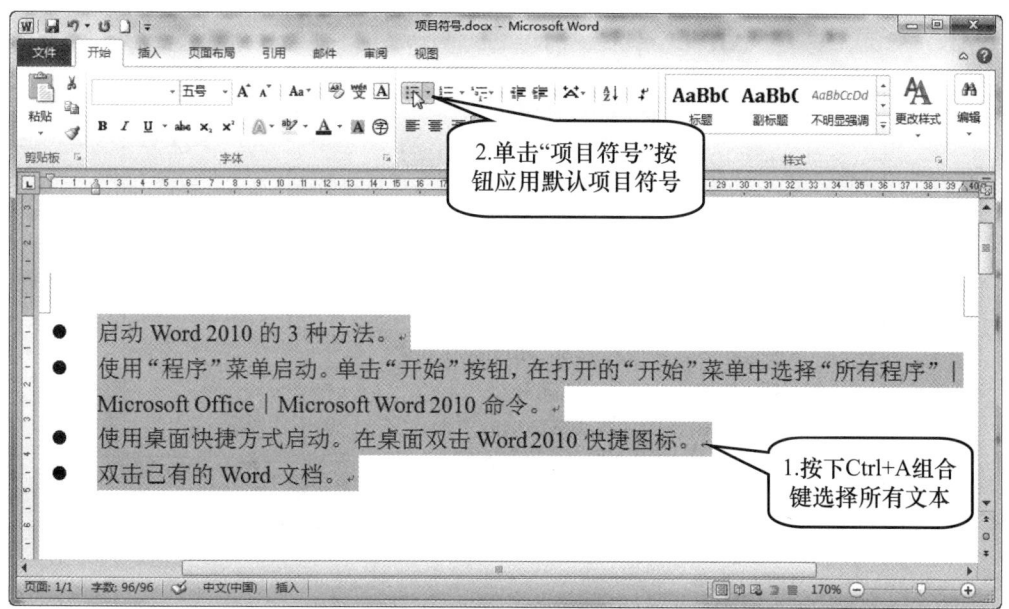

图 3-25 设置项目符号

（2）设置二级项目符号，操作方法如图 3-26 所示。

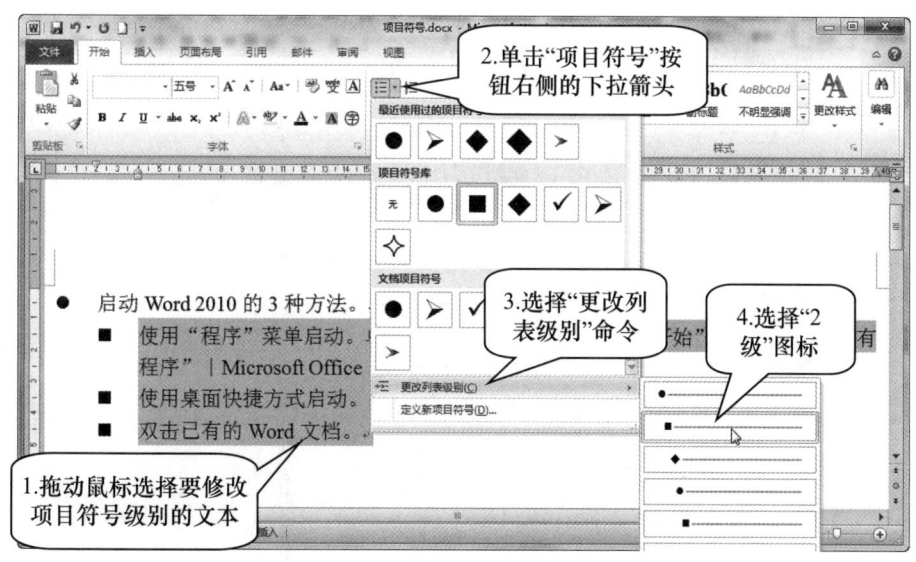

图 3-26 设置二级项目符号

制作会议通知，要求：有会议名称、会议内容、会议时间、会议地点及落款；标题为宋体、小四号、加粗；正文及落款为宋体、小五号、加粗；行间距：单倍行距；.按样文设置项目符号和编号。会议通知样文如图 3-27 所示。

```
关于召开各班班长和体育委员会议的通知

各班班长及体育委员：
    为了更好地开展本学期学校体育运动会，提高同学们的身体素质，
发展特长，学校决定召开各班班长和体育委员工作会议，现将有关事
项通知如下：
1.参加人员为各年级各班班长及体育委员、学生会各部门负责人。
2.会议时间定于3月9日下午4时40分。
3.会议地点定于学校西面一楼多媒体教室。
4.会议内容：
    ● 总结各班开展体育活动的情况，学习好的工作经验。
    ● 制定本学期体育运动会方案。
                                            学生工作处
                                            2017年3月5日
```

图 3-27 会议通知样文

3.2.3 设置页面格式

Word 2010 在建立新文档时，已经默认了纸张、纸的方向、页边距等选项，但是，由于要制作的文档类型不同，所需的页面参数设置也不一样。例如，常见的图书规格就有 32 开、大 32 开、16 开和大 16 开之分；打印纸规格有 A4、A5、B4、B5 等。可以通过功能区的"页面布局"选项卡来设置文档的页面格式。

1. 文档主题

通过设置文档主题可以更改文档的总体设计，包括颜色、字体和效果。此功能只适用于 .docx 格式的 Word 文档。

Word 文档的主题格式主要有以下几种。

(1) 主题。用于设计文档的整体外观，包括颜色、字体和效果。

(2) 颜色。用于更改当前主题的颜色。

(3) 字体。用于更改当前主题的文本字体。

(4) 效果。用于更改当前主题的特殊效果。

打开"素材 \ 文字素材 \ 心存感恩，励志前行 .docx"文档，应用"行云流水"主题，如图 3-28 所示。

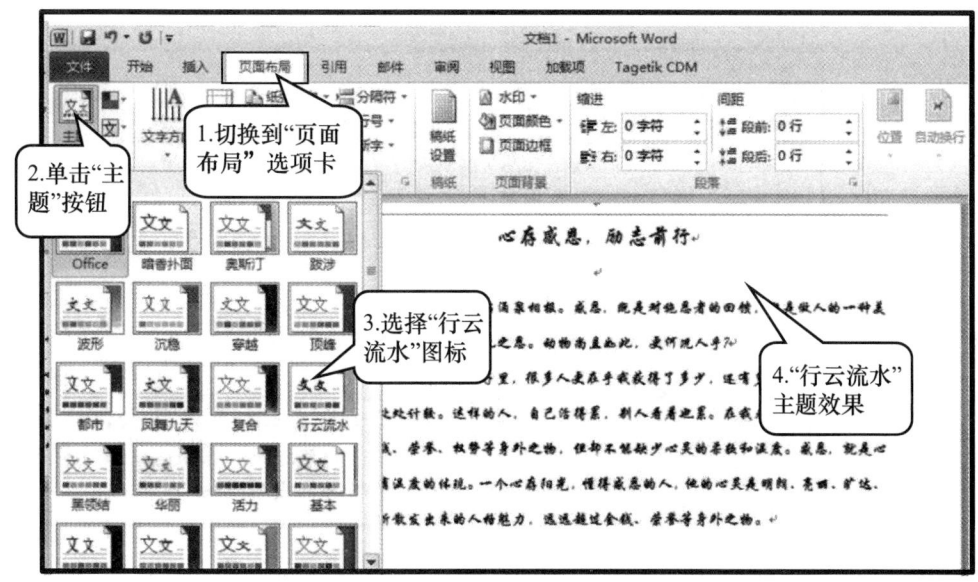

图 3-28　设置文档主题

2. 页面格式

在 Word 2010 中，可以使用"页面布局"选项卡的"页面设置"组中的工具进行页面的常规设置，还可以使用"页面设置"对话框对页面进行高级设置，如页边距、纸张、版式、文档网格参数等。

通常情况下，最常用的页面设置操作有以下几种。

（1）文字方向。有横排和竖排两种。

（2）页边距。指文档内容距页面边缘的距离。

（3）纸张方向。有纵向布局和横向布局两种。

（4）纸张大小。指页面的尺寸。

将"心存感恩，励志前行.docx"文档的页面大小设置为 B5，页边距适中。

操作方法：

（1）设置页面大小的方法如图 3-29 所示。

（2）设置页边距的方法如图 3-30 所示。

3. 页面背景

通过应用页面背景可以起到美化文档的效果并完成一些特殊的使命。在 Word 2010 中可以为文档页面设置页面颜色、页面边框和水印。

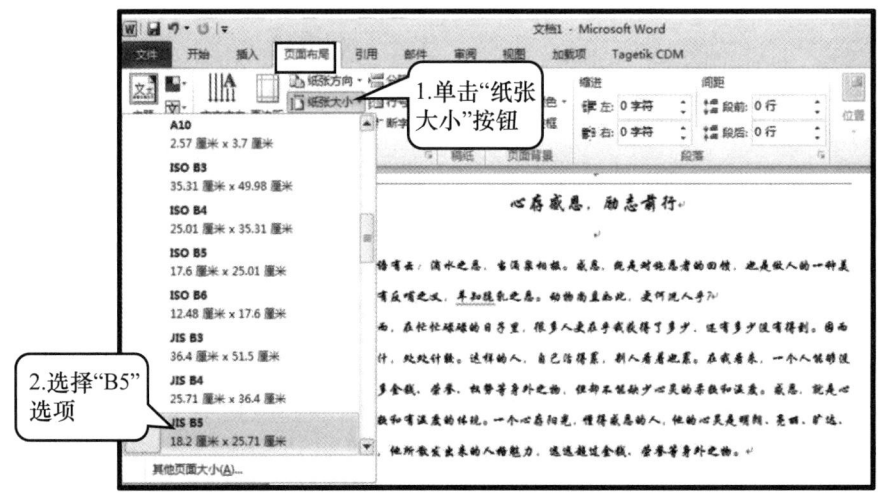

图 3-29　设置页面大小

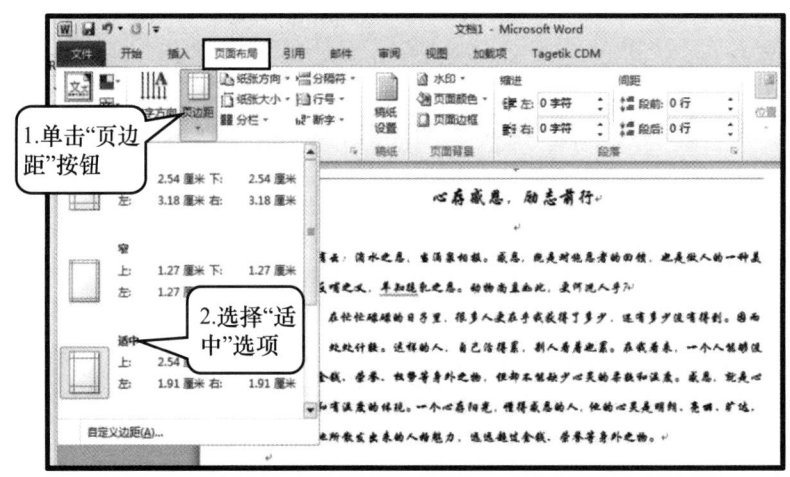

图 3-30　设置页边距

（1）页面颜色。指页面的背景颜色或图案效果。

（2）页面边框。指页面周围的边框或者选定文本块周围的边框。

（3）水印。指页面内容后面插入虚影文字。为文档添加水印可表示要将该文档特殊对待，如机密、紧急或者版权信息等。

4．设置分栏

我们在浏览报纸、杂志的时候常常会看到页面中的内容分栏显示，这样的版面设计不但便于阅读，而且使页面显得活泼美观。

使用功能区"页面布局"选项卡"页面设置"工具组中的"分栏"按钮即可为页面文档设置分栏排版效果。

将"心存感恩，励志前行"文档第二段分为两栏，操作方法如图 3-31 所示。

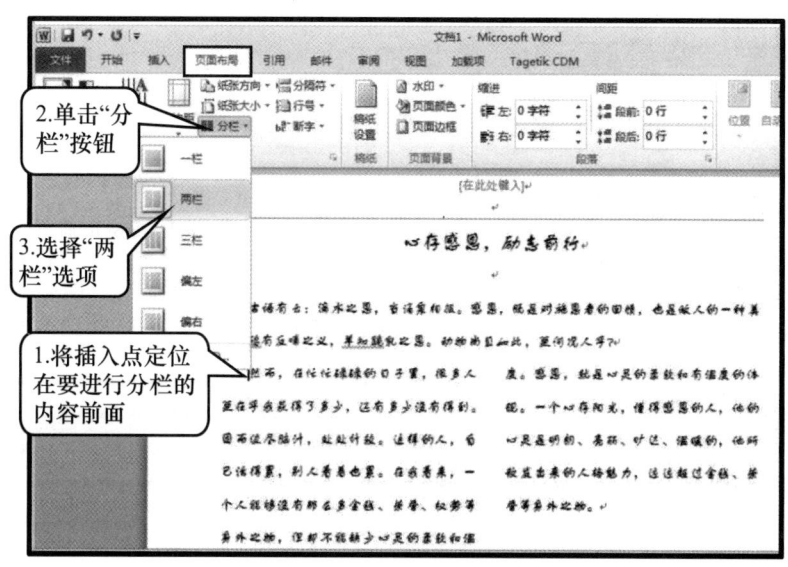

图 3-31　设置分栏

5. 分隔符

分隔符包括分页符和分节符两类，其中分页符又包括分页符、分栏符和换行符，使用分页符可以将连续的页面强行分隔成两部分，而分节符则可以把文档分成节，每一节都可以有不同的页面设置，不同的分节符决定可以在什么位置开始分节。

打开"素材\文字素材\心存感恩，励志前行.docx"，将第二段中的部分内容分节但不换页，操作方法如图 3-32 所示。

6. 设置奇偶页不同的页眉和页脚

页眉和页脚是图书页面中常见的元素，在功能区"插入"选项卡中单击"页眉和页脚"组中的"页眉""页脚"按钮，即可在页面中添加页眉或页脚。

在页眉或页脚的编辑状态下，功能区中会显示页眉和页脚工具，其中包含一个"设计"选项卡，使用其中的工具还可以将奇数页和偶数页中的页眉或页脚设置为不一样的内容。

打开"素材\文字素材\页眉页脚.docx"文档,为第一页设置页眉"微笑是一种修养",页脚左对齐;为第二页设置页眉"孝敬父母",页脚右对齐。设置完成后的文档效果如图 3-33 和图 3-34 所示。

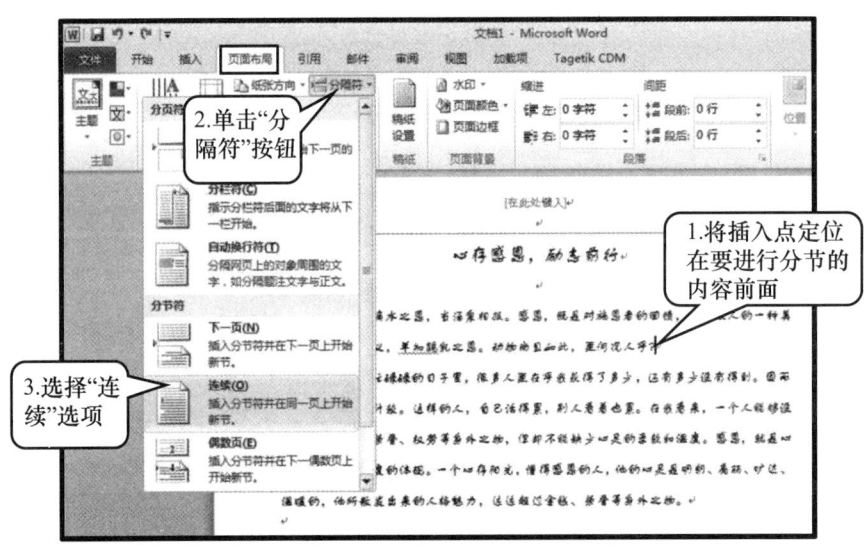

图 3-32　使用连续分节符

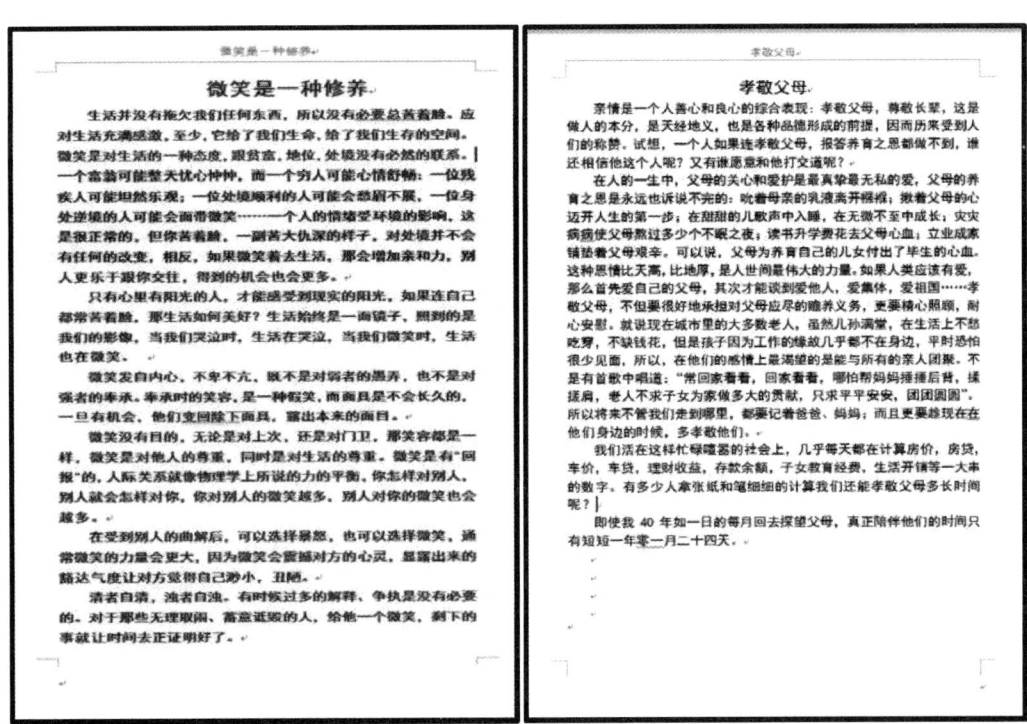

图 3-33　页眉和页脚文档示例(一)　　　图 3-34　页眉和页脚文档示例(二)

设置奇偶页不同的页眉，操作方法如图 3-35 所示。

设置奇偶页不同的页脚，操作方法如图 3-36 所示。设置完页眉页脚后，双击页面区域即可退出页眉页脚编辑状态。

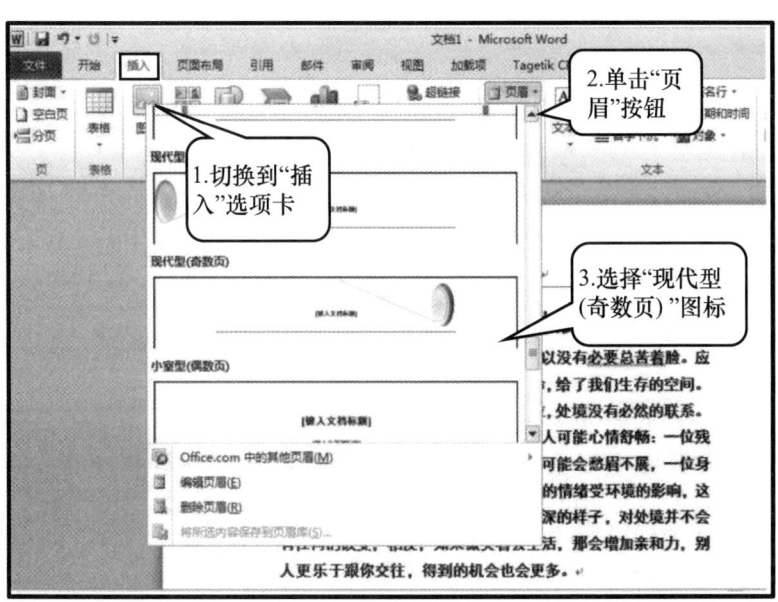

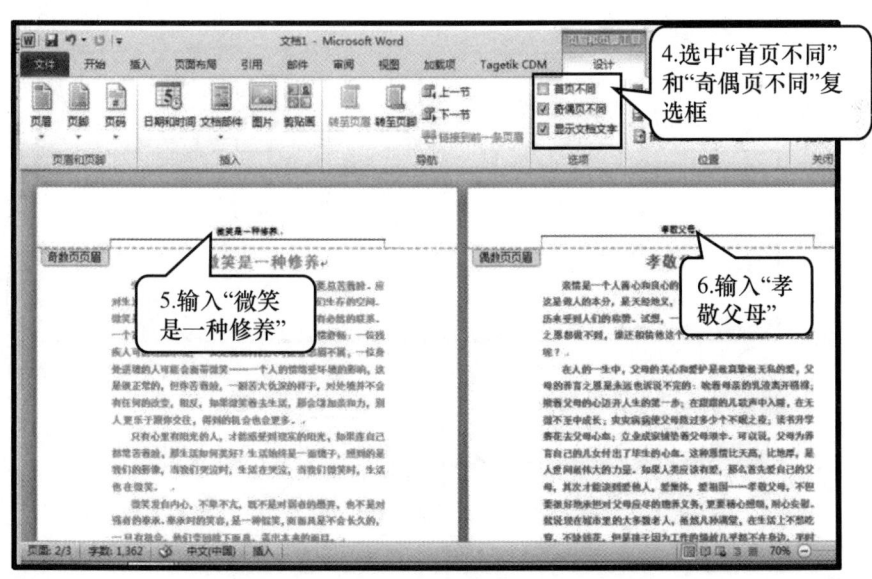

图 3-35　设置奇偶页不同的页眉

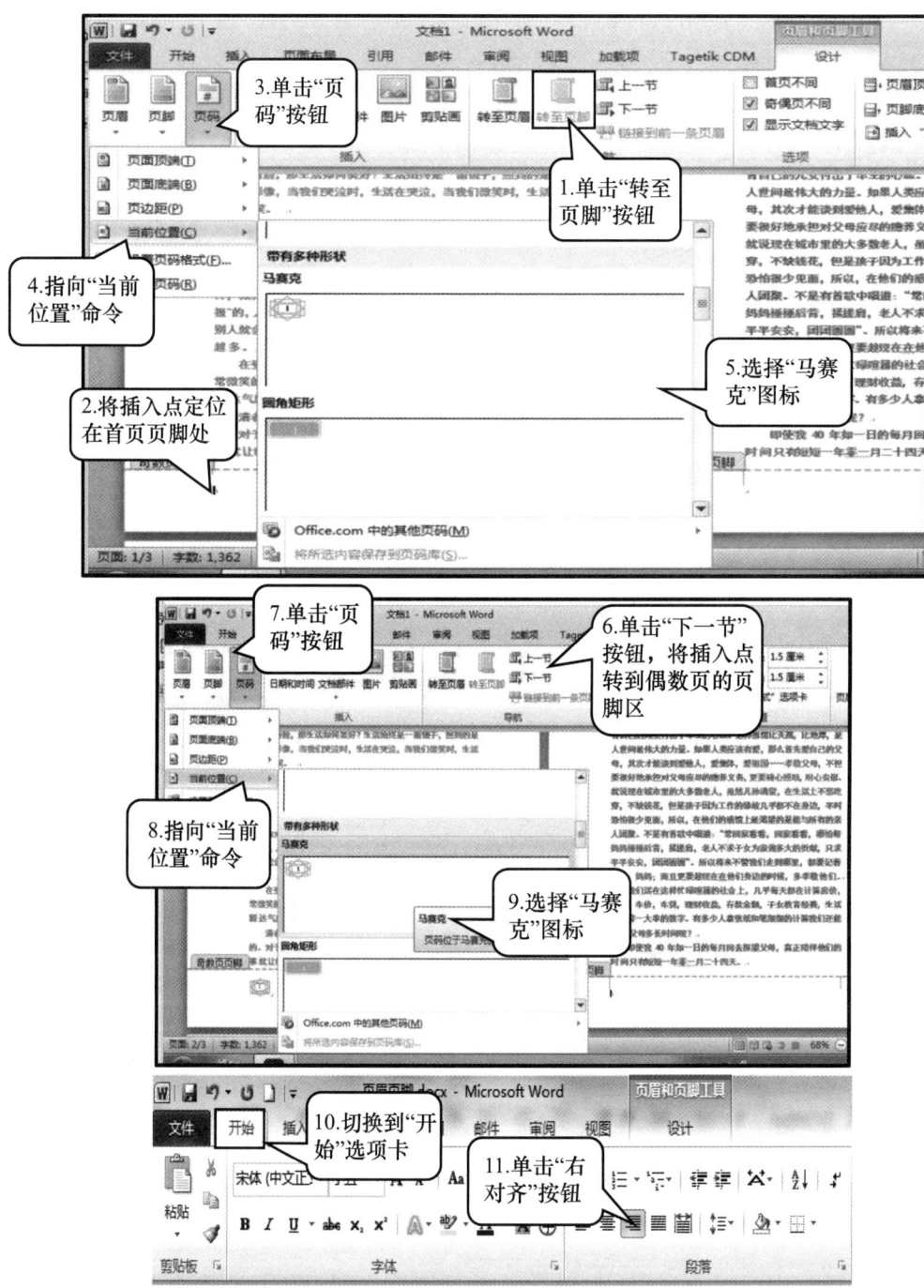

图 3-36　设置奇偶页不同的页脚

3.3 表格创建与编辑

表格是一种常用的数据编辑工具,使用表格可以有效地组织、归纳、总结和强调某些数据。Word 提供了强大的表格功能,可以制作各种复杂表格,并可以进行简单的表格计算和设置个性化表格外观。

通过本节的学习,您将掌握以下内容:

◆表格的创建和编辑。

◆表格的格式设置。

◆表格的数据计算。

3.3.1 创建与编辑表格

1. 创建表格的方法

Word 2010 提供了多种创建表格的方法,常用的方法有以下 3 种。

(1) 自动创建表格。操作方法如图 3-37 所示。

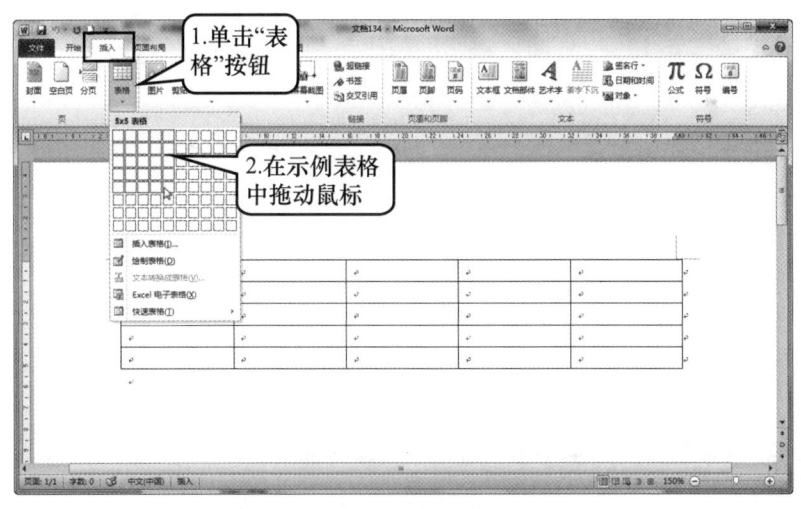

图 3-37 自动创建表格

(2) 使用对话框创建表格。在"表格"下拉菜单中选择"插入表格"命令可弹出"插入表格"对话框,可以指定表格的行列数并设置其他参数。

(3) 绘制表格。在"表格"下拉菜单中选择"绘制表格"命令,光标会变成铅笔状,在页面上拖动鼠标即可绘制表格的框线,如图 3-38 所示。

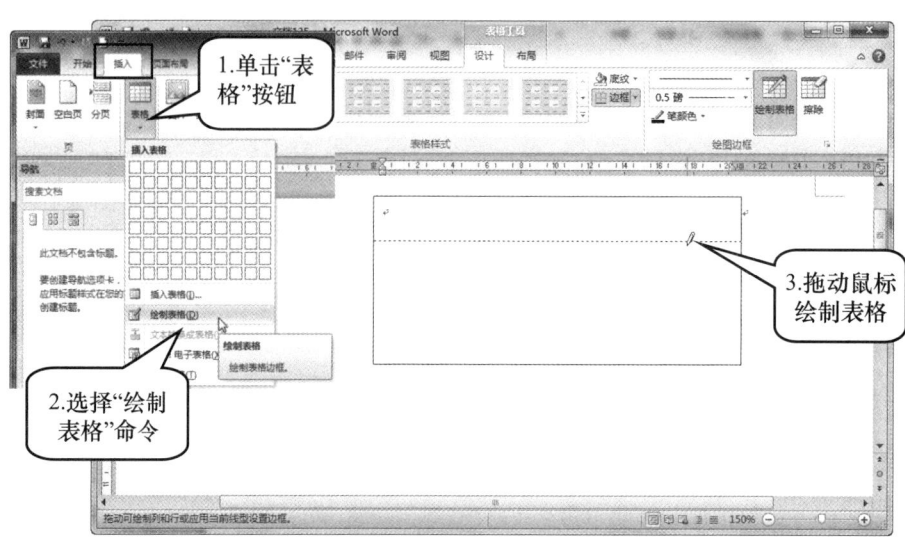

图 3-38 绘制表格的框线

新建"表格.docx"文档,插入一个 10 行 4 列的表格,操作方法如图 3-39 所示。

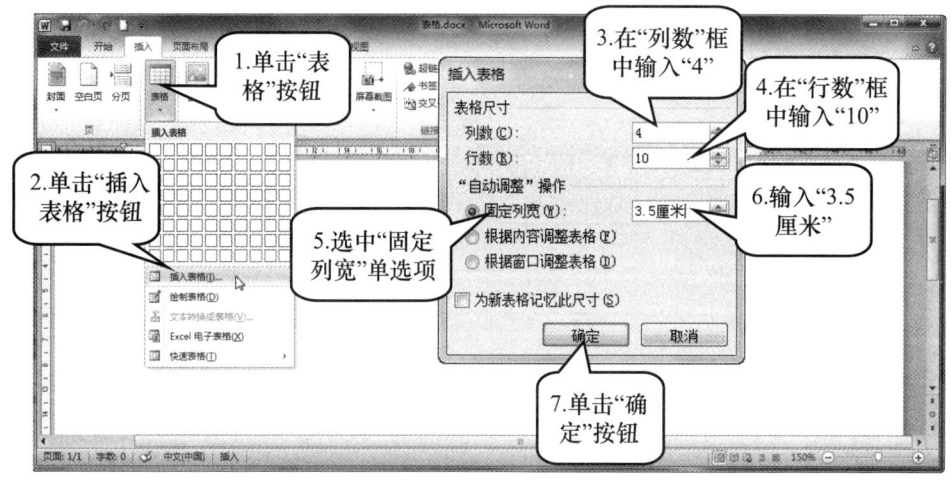

图 3-39 在文档中插入 10 行 4 列的表格

2. 表格工具

表格绘制完成后,或者在选定表格时,功能区中会显示表格工具,其中包含"设计"和"布局"两个选项卡,使用它们可对表格进行修饰或者修改,如图 3-40 所示。

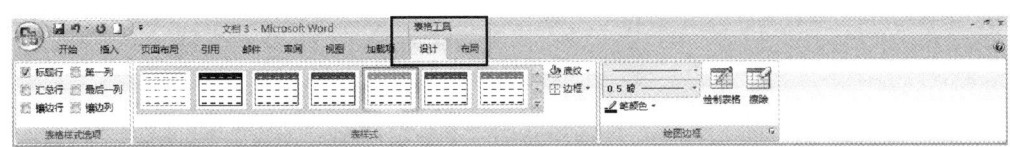

图 3-40　表格工具

3. 修改表格

修改表格的操作通常使用表格工具的"布局"选项卡来进行，使用"布局"选项卡中的工具可以很轻松地进行表格的修改与调整操作，如图 3-41 所示。

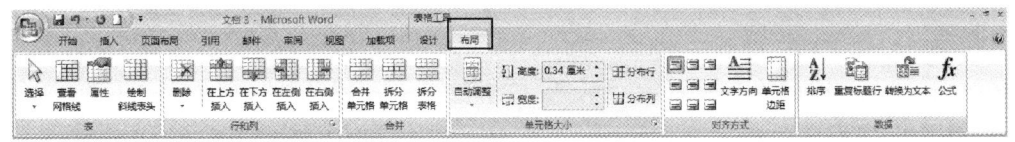

图 3-41　表格工具的"布局"选项卡

"布局"选项卡中的工具分为 6 组，表 3-4 列出了各组工具的功能。

表 3-4　表格工具"布局"选项卡中各工具组的功能

工具组	功能
表	选择表格或表格中的元素，显示或隐藏表格中的虚框，更改表格属性以及绘制斜线表头
行和列	插入或删除行或列
合并	合并或拆分单元格或表格
单元格大小	调整单元格的大小以及控制行、列及表格的总体大小
对齐方式	选择单元格中的内容相对于单元格的对齐方式、文字方向及距离单元格边框的距离
数据	设置单元格中数据的格式，包括数据排序、重复标题行、将表格转换为文本以及插入公式

在调整单元格或行、列大小时，如果不需要特别指定精确尺寸，可以直接用鼠标拖动的方式进行快速操作，方法是将鼠标指针放在单元格或行、列边框上，直接拖动即可。

打开"表格.docx"文档，合并第 1、2、5、9、10 行单元格，结果如图 3-42 所示。

合并单元格的操作方法如图 3-43 所示。

第 2、5、9、10 行的单元格合并方法参照如图 3-43 所示。

打开"表格.docx"文档，设置表格的行高和列宽。

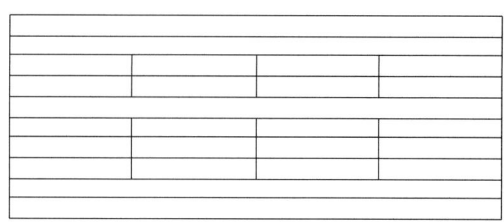

图 3-42　修改后的表格

图 3-43　合并单元格

（1）将第 1、2 行的高度设置为 0.8 厘米。操作方法如图 3-44 所示。

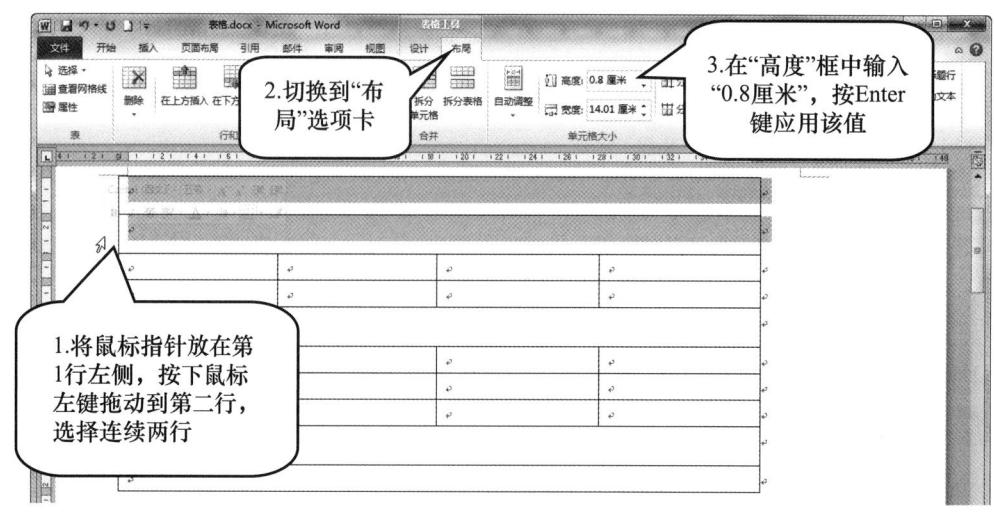

图 3-44　精确调整行高

第 5、9 行行高的调整方法参照图 3-44。

（2）调整第 10 行的行高至适当大小。对于没有精确要求的行列尺寸可以用鼠标进行调整，操作方法如图 3-45 所示。

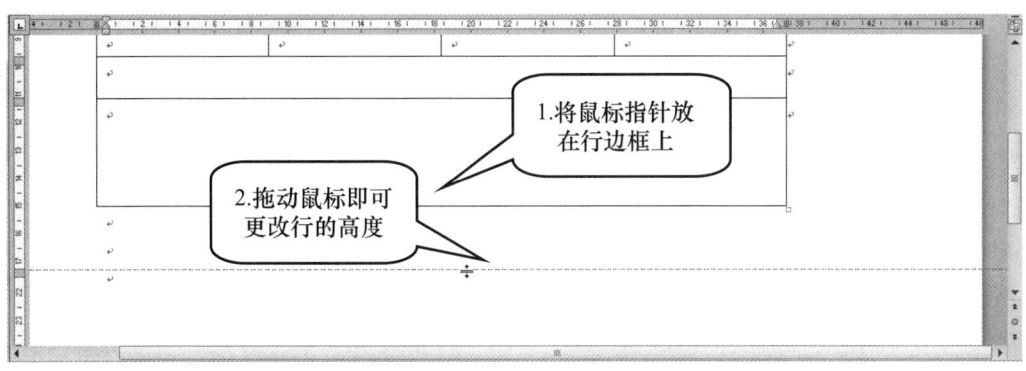

图 3-45　用鼠标调整行高

打开"表格.docx"文档，减小第 1 列和第 3 列的宽度，以匹配其中的内容。操作方法如图 3-46 所示。

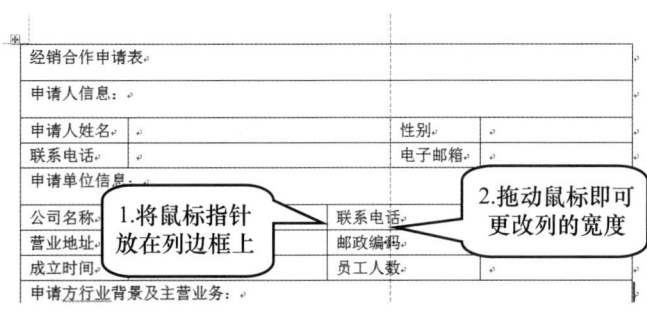

图 3-46　用鼠标更改列宽

4. 选定表格、行、列、单元格

使用表格工具"布局"选项卡"表"组中的"选择"按钮下拉菜单中的命令可以分别选中表格、行、列或单元格，但是，Office 还提供了更为简便的操作方法。表 3-5 中列出了使用鼠标选择表格、行、列和单元格的方法。

表 3-5　用鼠标选择表格、行、列和单元格的方法

选择对象	操作方法	鼠标指针形状
选择整个表格	将指针移至表格，当表格的左上角显示选择控件 ⊞ 时单击该控件	⊕
选择一列	将指针移至表格要选择的列上方单击	↓
选择一行	将指针移至表格要选择的行左侧单击	↗
选择单元格区域	将指针移至要选择的起始单元格，然后通过拖动指针选择所需的单元格	—

5. 在表格中移动插入点

在表格单元格中添加内容的方法与在普通页面中一样，每个单元格都可以看作一个独立的文档单位。单击所需的单元格可以迅速定位插入点，也可以利用键盘来完成移动插入点的操作。表 3-6 列出了在表格中移动插入点的快捷键。

表 3-6 在表格中移动插入点的快捷键

按键	移动插入点
Tab	移动到下一个单元格中
Shfit+Tab	移动到前一个单元格中
Alt+Home	移动到同行的第一个单元格中
Alt+End	移动到同行的最后一个单元格中
Alt+PageUp	移动到同列的第一个单元格中
Alt+PageDown	移动到同列的最后一个单元格中
←	左移动一个字符，插入点位于单元格开头时移到上一个单元格
→	右移动一个字符，插入点位于单元格结尾时移到下一个单元格
↑	移动到上一行
↓	移动到下一行

参照图 3-47 在表格中输入所需内容。

经销合作申请表			
申请人信息：			
申请人姓名		性别	
联系电话		电子邮箱	
申请单位信息：			
公司名称		联系电话	
营业地址		邮政编码	
成立时间		员工人数	
申请方行业背景及主营业务：			

图 3-47 表格内容示例

操作方法如图 3-48 所示。

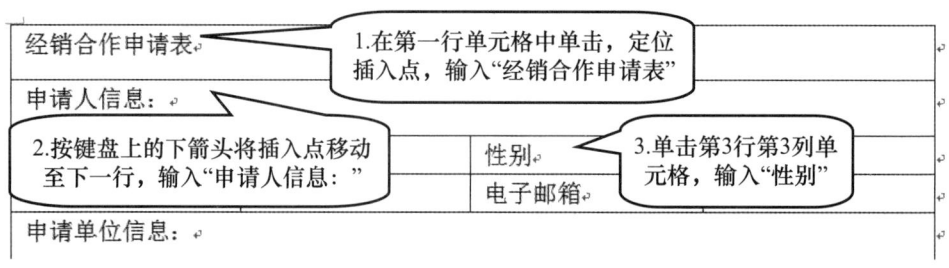

图 3-48 操作方法示例

其他单元格内容的输入方法同上。

3.3.2 格式化表格

1. 表格数据的对齐方式

单元格默认的对齐方式为"靠上两端对齐",即单元格中的内容以单元格的上边线为基准向左对齐。当单元格的高度值较大,而单元格中的内容较少不能填满单元格时,顶端对齐的方式会影响整个表格的美观,此时可以对单元格中文本的对齐方式进行设置。设置对齐方式的工具在表格工具"布局"选项卡的"对齐方式"组中。

2. 套用表格样式

Word提供了一些预定义的表格样式,用户可以通过自动套用样式来快速编排表格的格式。在"设计"选项卡上打开"表格样式"组中的样式列表,指向表格样式图标,即可预览相应效果,单击该图标即可将其应用到表格上,如图3-49所示。

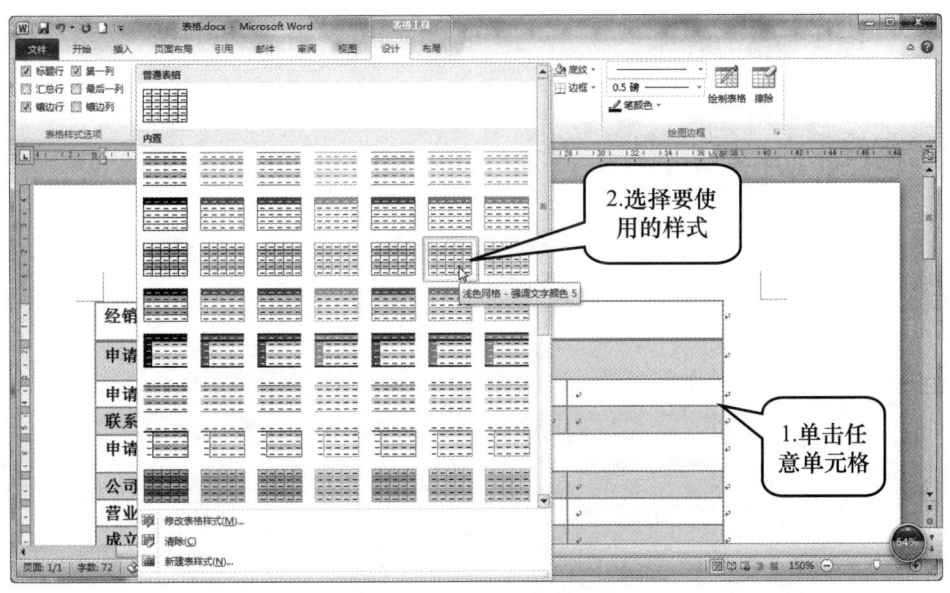

图 3-49 套用表格样式

打开"表格.docx"文档,将表格的位置调整为在页面中左右居中对齐,并将标题文本设置为黑体、四号字,在单元格中水平居中对齐,其他单元格中的文本"中部两端对齐",效果如图3-50所示。

经销合作申请表			
申请人信息：			
申请人姓名		性别	
联系电话		电子邮箱	
申请单位信息：			
公司名称		联系电话	
营业地址		邮政编码	
成立时间		员工人数	
申请方行业背景及主营业务：			

图 3-50 表格对齐效果

操作方法：

（1）设置表格的对齐方式。操作方法如图 3-51 所示。

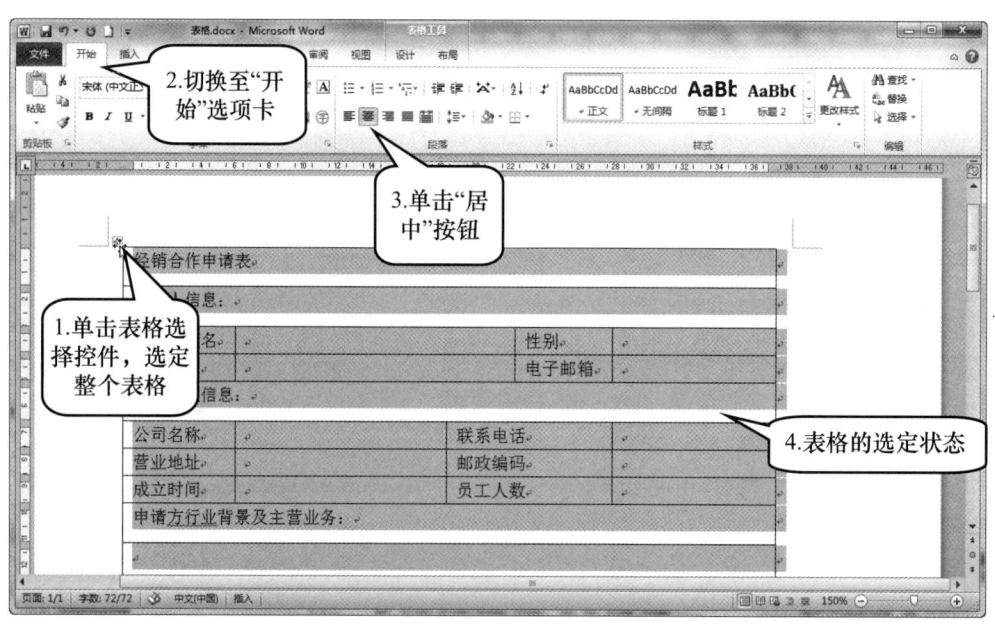

图 3-51 设置表格对齐

（2）设置表格内容的文本格式和对齐方式。操作方法如图 3-52 所示。

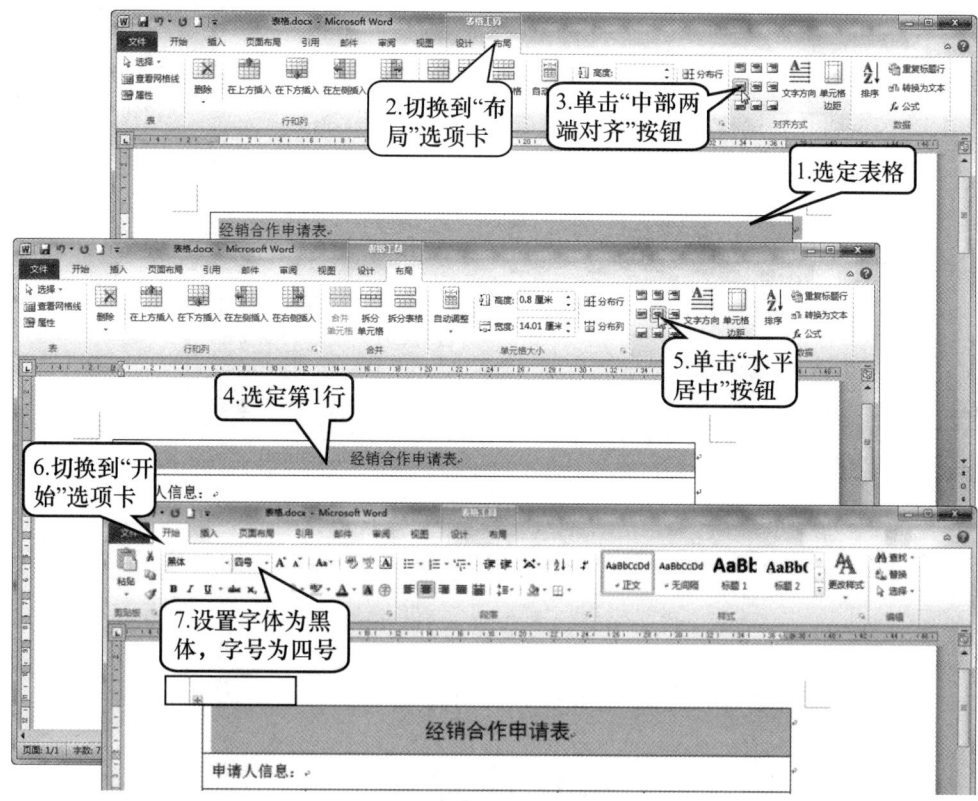

图 3-52　设置表格内容格式

将表格外框设置为深蓝色斑纹线，表格底纹设置为天蓝色，最终效果如图 3-53 所示。

经销合作申请表			
申请人信息：			
申请人姓名		性别	
联系电话		电子邮箱	
申请单位信息：			
公司名称		联系电话	
营业地址		邮政编码	
成立时间		员工人数	
申请方行业背景及主营业务：			

图 3-53　表格的外框和底纹效果

操作方法如图 3-54 所示。

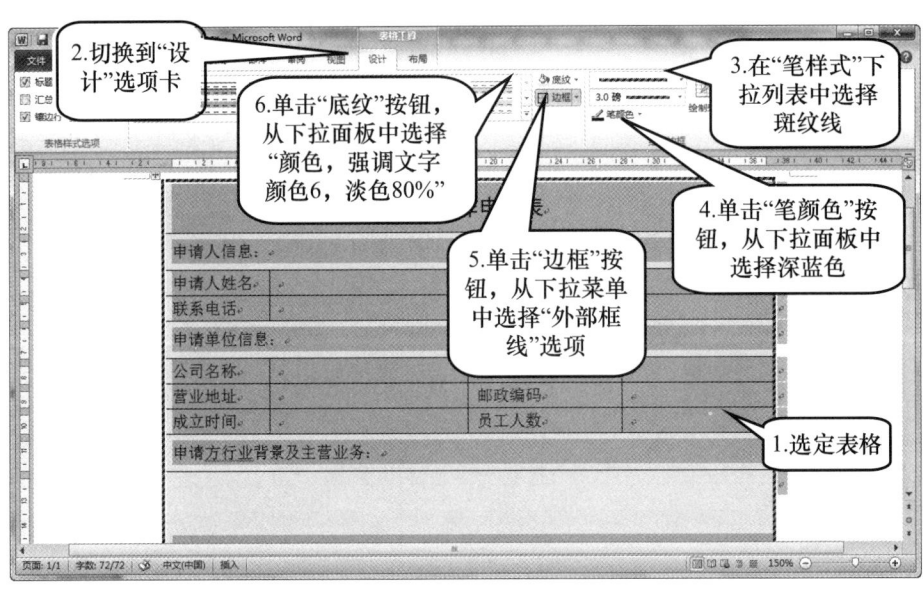

图 3-54　设置表格的外框和底纹

按照图 3-55 所示的样表完成操作要求。

图 3-55　样表

操作要求：

（1）为标题设置艺术字。艺术字样式第 1 行第 3 列；位置：嵌入到文本中；字体隶书、48、加粗、居中；艺术字文本填充蓝色；文字效果阴影：右下斜偏移，阴影颜色玫瑰红、透明度 0、大小 102%、虚化 1、角度 45°、距离 4；艺术字文字效果转换倒 V 形。

（2）行高。第 1 行 1.63 厘米，第 2 行 1.9 厘米，第 3 行至第 8 行 1.5 厘米。

（3）列宽。第 1 列 2.5 厘米，第 2 列 2.5 厘米，第 3 列 4.5 厘米，第 4 列 4.5 厘米。

（4）绘制如样表所示的斜线表头。

（5）表格单元格水平居中，字体为黑体、小四、加粗、黑色，居中。表格居中。

（6）表格外框线线型为外粗内细，宽度为 3 磅；内部线线型为单实线，宽度为 1.5 磅。

（7）保存文件，文件名为"拓展 2.docx"。

3.4 图形处理及图文混排

在文档中使用插图，不但可以使文档显得生动活泼，还可以起到说明作用。在 Word 文档中既可以插入现有的图片，也可以绘制各种图形，并可以编排图片在文档中的位置，使其与文字呈现不同的环绕方式。

通过本节的学习，您将掌握以下内容：

◆插入图片和剪贴画的方法。

◆艺术字的使用。

◆利用文本框实现特殊排版的方法。

◆绘制图形的方法。

3.4.1 绘制与编辑图形

1. Word 中的图形

在 Word 中可以绘制各种形状。Word 2010 包含线条、矩形、基本形状、箭头总汇、公式形状、流程图、标注和星与旗帜共 8 类图形。

默认情况下，形状的排列方式是浮于文字之上，可以很方便地通过拖动它们来组合成复杂的图形，并可以更改彼此间的层次。例如，我们可以利用矩形、月牙形和星形来组成一幅美丽的夜空图。

为了使多形状组成的图形便于统一修改和组织，可以将它们组合为一个整体，组合后的图形具有统一的选择框，可以像单独的形状一样进行各种调整，如图 3-56 所示。

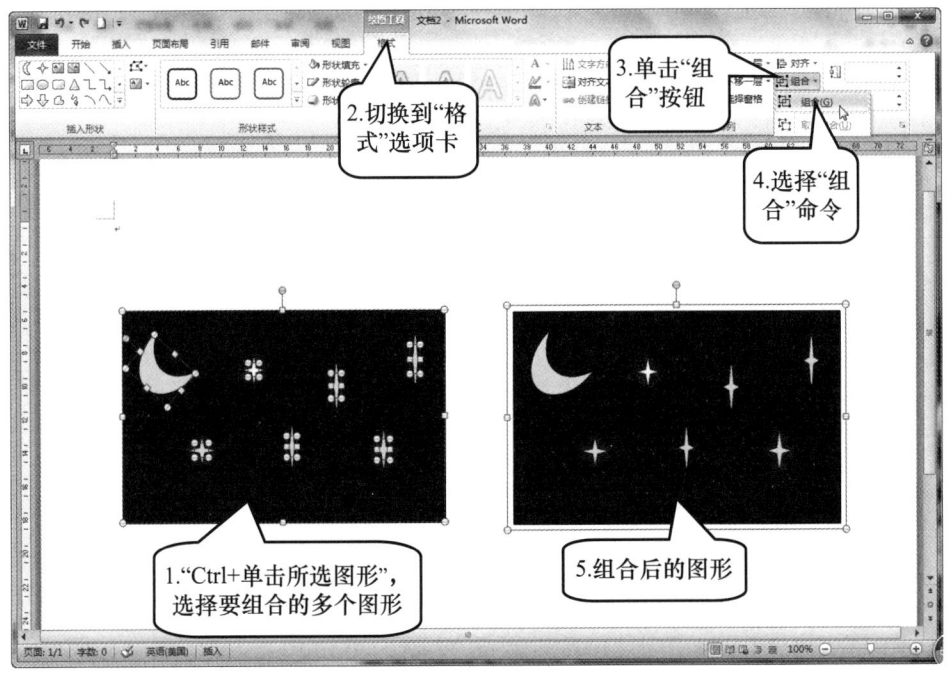

图 3-56　组合图形

组合图形后也可以取消各图形的组合，方法是选择组合图形后单击"组合"按钮，从弹出菜单中选择"取消组合"命令，如图 3-57 所示。

图 3-57　取消图形组合

2. 在图形中添加文字

在各类自选图形中，除了直线、箭头等线条图形外，其他的所有图形都允许向其中添加文字。有的自选图形在绘制好后可以直接添加文字，如标注和组织结构图；有些图形则不能直接添加文字，需要先右击图形，从弹出的快捷菜单中选择"添加文字"命令，此时在图形的外部会出现一个编辑框，其中显示闪烁的插入点，这时就可以输入文字了，如图 3-58 所示。

3. 图形的绘制和调整

绘制图形的方法非常简单，从功能区中选择某个图形的图标后，在页面中单击鼠标即可插入相应图形，也可以在页面上拖动鼠标，绘制非特定大小的形状。

与图片、艺术字、文本框等对象一样，图形也可以使用鼠标来移动、调整大小、旋转等，而对于某些特殊图形，还可以进行变形。如月牙形，在选中它时，图形的周围除了尺寸控点外，还会出现一个或多个黄色的菱形控点，拖动这些菱形控点可调节图形的形状，使其变形，如图 3-59 所示。

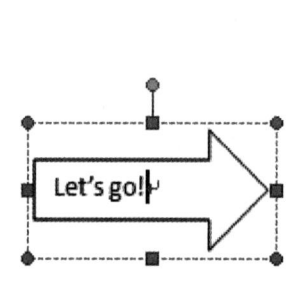
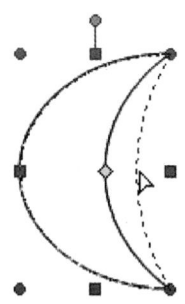

图 3-58　在图形中添加文字　　　　图 3-59　图形变形的过程

4. 绘图工具

绘制文本框或形状后，默认都会自动出现绘图工具，该工具只有一个"格式"选项卡，如图 3-60 所示。

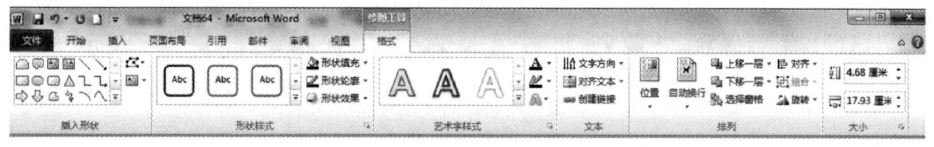

图 3-60　文本框的格式设置工具

绘图工具中各工具组的功能如下。

（1）插入形状。插入、更改、编辑文本框或形状。

（2）形状样式。设置文本框、形状的填充、轮廓和特殊效果，或者为其应用现成的样式。

(3) 艺术字样式。设置文本框、形状中文本的填充、轮廓和特殊效果，或者为其应用现成的样式。

(4) 文本。更改文本框、形状中文字的方向、排列方式，或者为多个文本框、形状创建内容链接。

(5) 排列。更改文本框、形状在页面上的位置、层次、排列方式和显示状态等。

(6) 大小。指定文本框或形状的尺寸。

3.4.2 插入与处理图片

1. Word 中的图片

图片是由其他文件创建的图像，包括位图、扫描的图片和照片等。在 Word 中可以插入多种格式的图片，如 *.bmp、*.pct、*.tif、*.gif、*.jpg 等。此外，Word 还提供了一个功能强大的剪辑管理器，其中收藏了系统自带的多种剪贴画。

2. 对象的布局

布局是指图片、艺术字、文本框、图形等对象在页面中的位置和相对于文本的排列方式。图片的默认排列方式是嵌入于文本中，相当于一个字符，相对于其前后文字的位置不变，而艺术字的默认排列方式则是浮于文本之上，与文本处于不同的层中，两者毫不相关。可以更改这种位置关系，使图片浮于文本之上，或者使艺术字嵌入文本之中。

在"格式"选项卡中单击"排列"组中的"位置"按钮，弹出下拉面板，其中列出了 10 种对象排列方式，选择"其他布局选项"命令，弹出"布局"对话框，还可以设置更多的文本环绕方式，或对图片位置进行更精确的调整，如图 3-61 所示。

3. 插入剪贴画

单击"插入"选项卡中"插图"组的"剪贴画"按钮，可打开"剪辑管理器"窗格。通过在剪辑管理器中搜索关键字可以搜索需要的剪贴画，并将搜索结果以缩略图方式显示在列表框中。

图 3-61 "布局"对话框中的"文字环绕"选项卡和"位置"选项卡

当选择了插入的剪贴画或图片后,Word 2010 会在功能区中自动显示图片工具。图片工具包含一个"格式"选项卡,使用它可以对图片进行各种调整和编辑,如调整图片的亮度和对比度、更换图片、排列图片、设置图片大小、应用图片样式等。

打开"素材\文字素材\蚂蚁和大象.docx"文档,应用橄榄色页面背景,然后在文档开头插入剪贴画,并对其进行调整和设置,最终效果如图 3-62 所示。

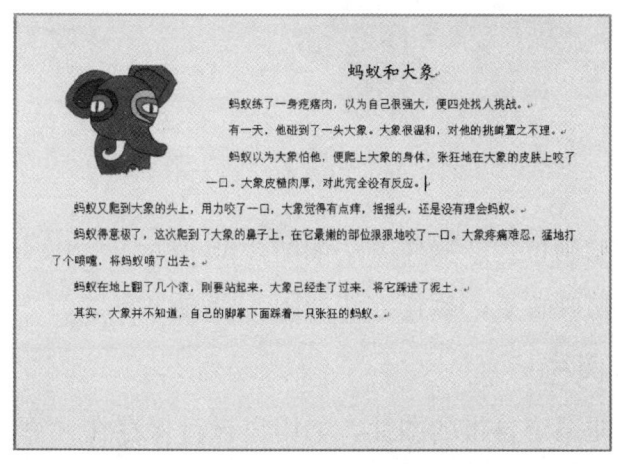

图 3-62 示例文档

操作方法:

(1) 插入剪贴画。操作方法如图 3-63 所示。

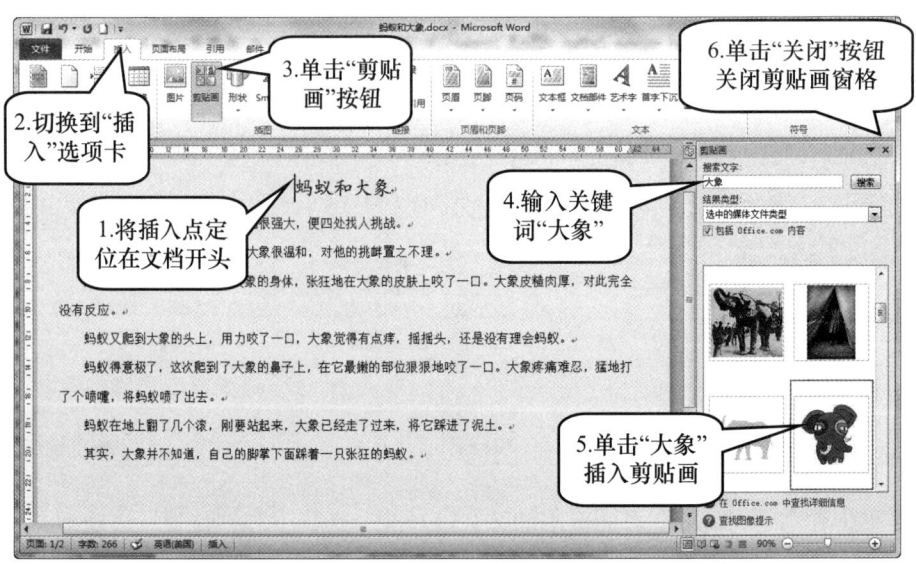

图 3-63　插入剪贴画

（2）更改剪贴画大小。操作方法如图 3-64 所示。

图 3-64　更改剪贴画大小

（3）更改剪贴画位置。操作方法如图 3-65 所示。

（4）删除剪贴画背景。操作方法如图 3-66 所示。

4．插入外部图片

外部图片指非系统自带的图片，如用户自行保存在计算机中的图片。使用"插入"选项卡"插图"组中的"图片"工具即可在 Word 文档中插入外部图片。

在"蚂蚁和大象.docx"文档末尾插入一幅蚂蚁的图片，并调整其大小和方向，最终效果如图 3-67 所示。

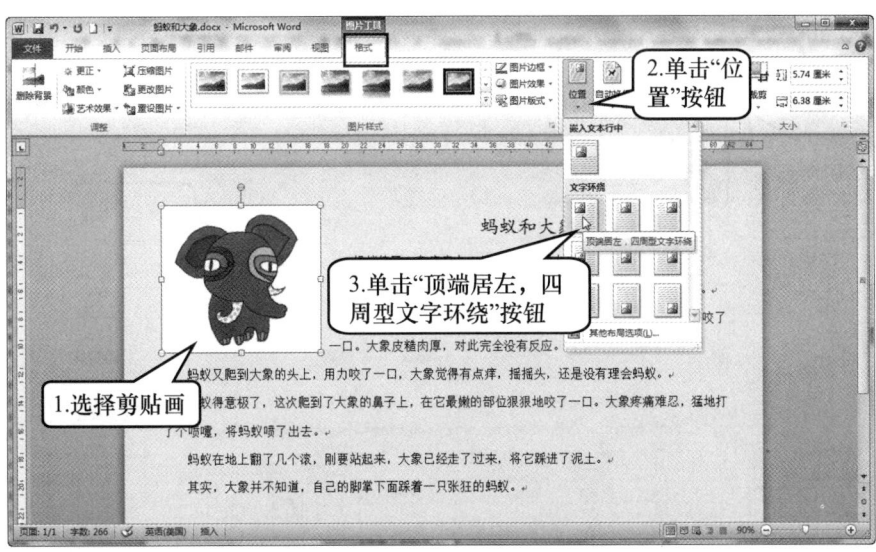

图 3-65　更改剪贴画的位置

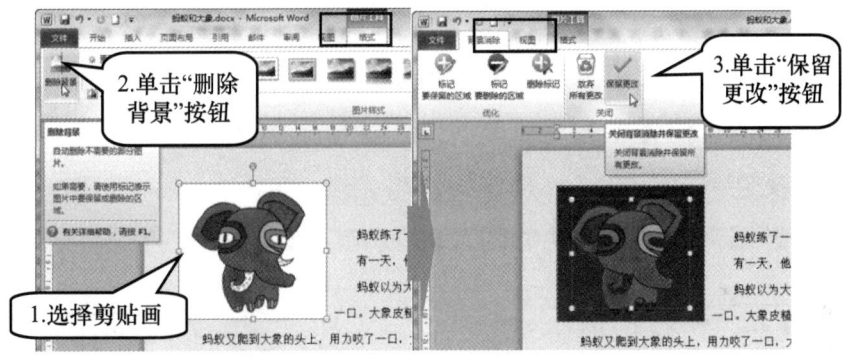

图 3-66　删除背景

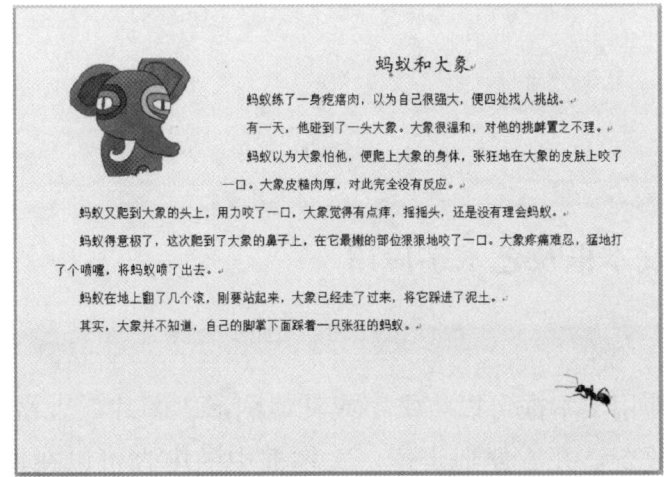

图 3-67　示例文档

(1) 插入图片。操作方法如图 3-68 所示。

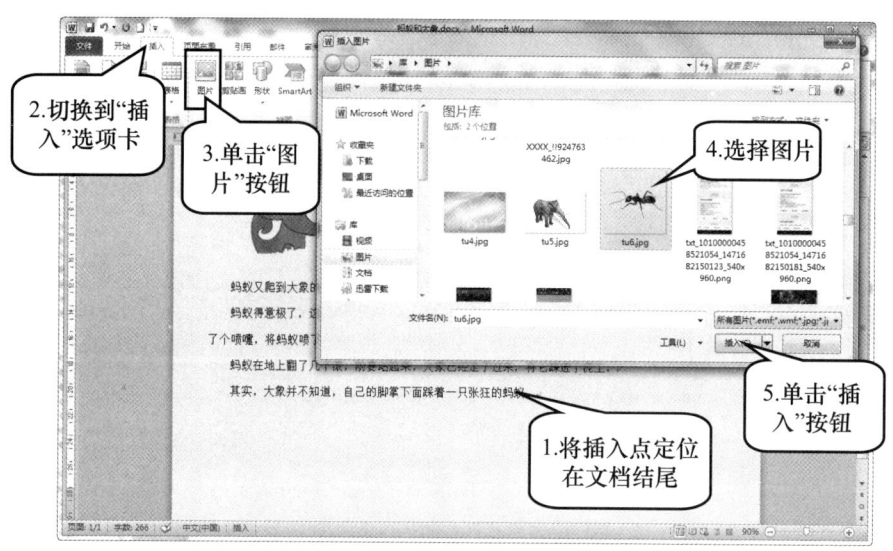

图 3-68　插入图片

(2) 更改图片的大小。参见更改剪贴画大小的操作，此处略。

(3) 更改图片位置。参见更改剪贴图片位置的操作，此处选择"底端居右，四周型文字环绕"方式，具体操作略。

(4) 旋转图片。操作方法如图 3-69 所示。

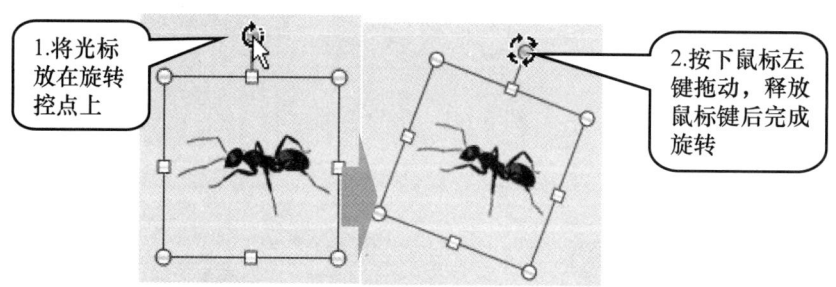

图 3-69　旋转图片

3.4.3　文本框及艺术字应用

1. 文本框

在文档中使用文本框可以将文字或其他图形、图片、表格等对象在页面中独立于正文放置，并方便地定位。文本框中的内容可以在框中任意调整。Word 2010 内置了一系列具有特定样式的文本框，在"插入"选项卡上单击

"文本"组中的"文本框"按钮,即可从弹出菜单中选择现有的文档样式,如图 3-70 所示。

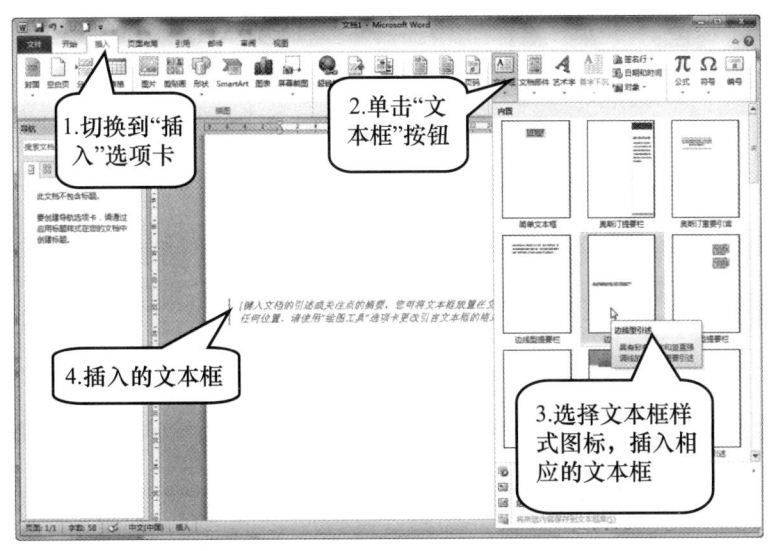

图 3-70　设置艺术字的文字方向

如果要插入一个无格式的文本框,则可在弹出菜单中选择"绘制文本框"或"绘制竖排文本框"命令,然后在页面中拖动鼠标绘出文本框。

用户可像在普通页面上组织文本一样直接在文本框中输入文字,或者通过剪切或复制将文本粘贴到文本框中。此外,如果选择了一些内容,然后选择"绘制文本框"或"绘制竖排文本框"命令,则可创建包含此内容的文本框。

2. 创建和断开文本框的内容链接

在一些报纸、杂志类的文档编辑当中,常常会遇到需要跨版自动调整文档页面内容的情况。例如,为了有效利用页面空余位置,会将某些文章分为几部分,分别安排在不同的页面,这种情况下只能用文本框解决问题,且需要保证这多个部分保持为一个整体,即无论哪一部分被添加或删除内容时,其他内容都会自动重排。这时,可以利用文本框的链接功能使多个文本框链接在一起,以便文本能够从一个文本框流动到另一个文本框中。

创建了文本框的链接后,如果断开链接,则被链接的文本中的内容会自动清除,恢复到前一个文本框的溢出状态。

(1) 创建文本框链接。操作方法如图 3-71 所示。

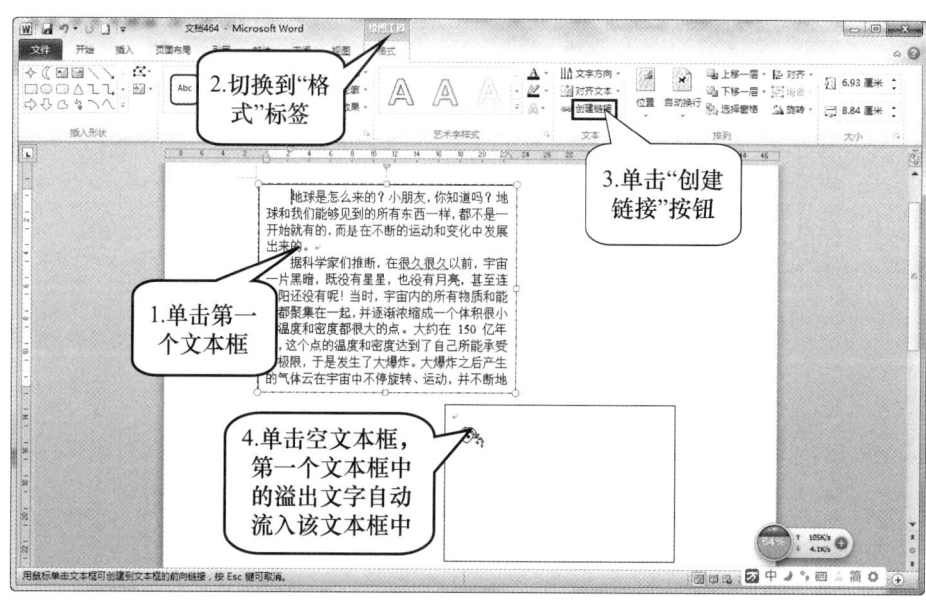

图 3-71　创建文本框链接

(2) 断开文本框链接。操作方法如图 3-72 所示。

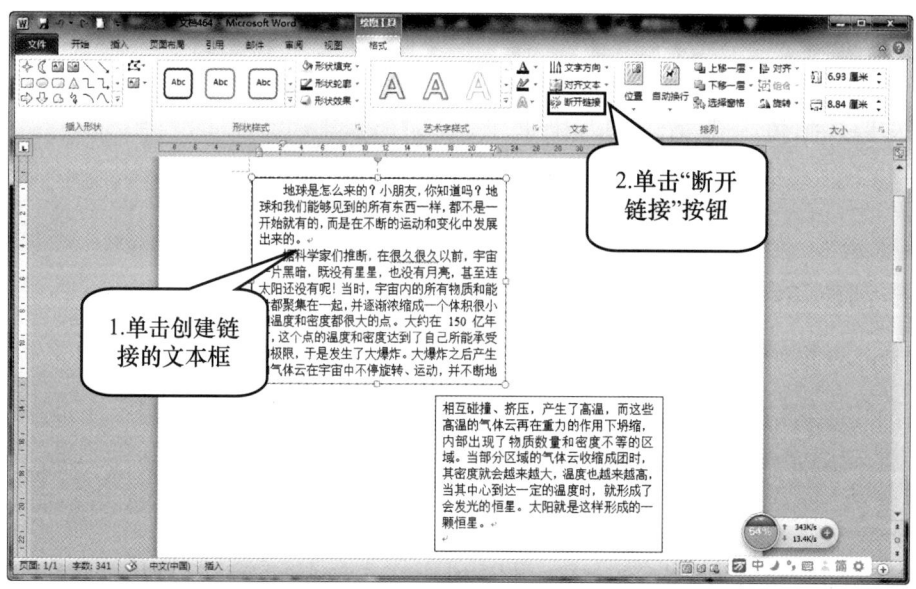

图 3-72　断开文本框链接

打开"素材\文字素材\地球之初.docx"文档,将标题文本放在文本框中,将粗体文本放在"横卷形"图形中,结果如图 3-73 所示。

3 文字处理软件 Word 2010 应用

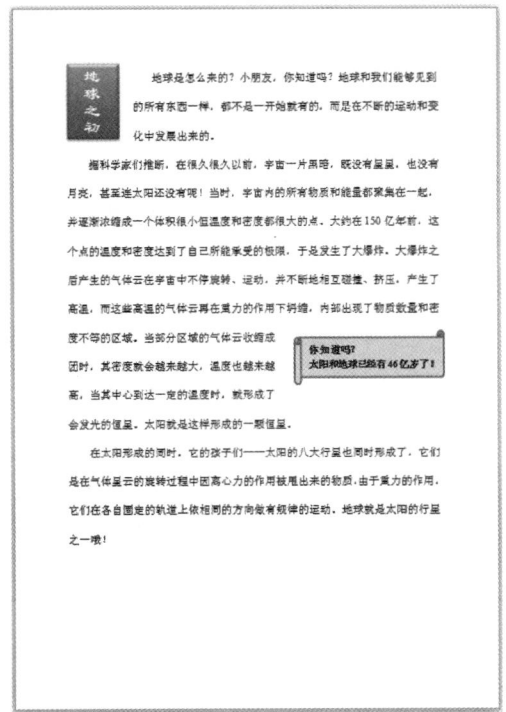

图 3-73 示例文档

操作方法:

(1) 将标题文本放进竖排文本框中。操作方法如图 3-74 所示。

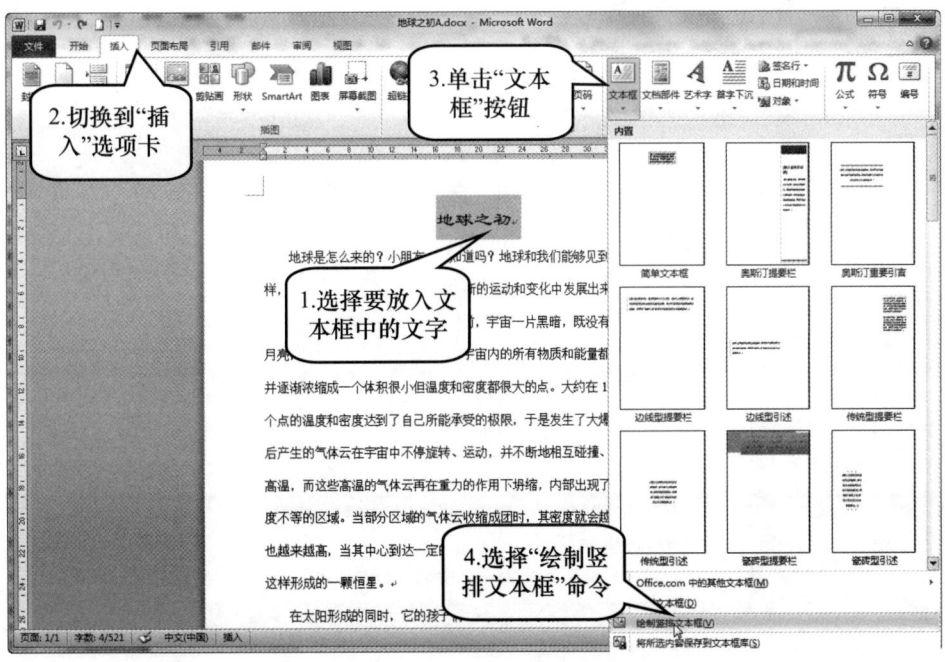

图 3-74 绘制竖排文本框

(2) 为文本框应用样式。操作方法如图 3-75 所示。

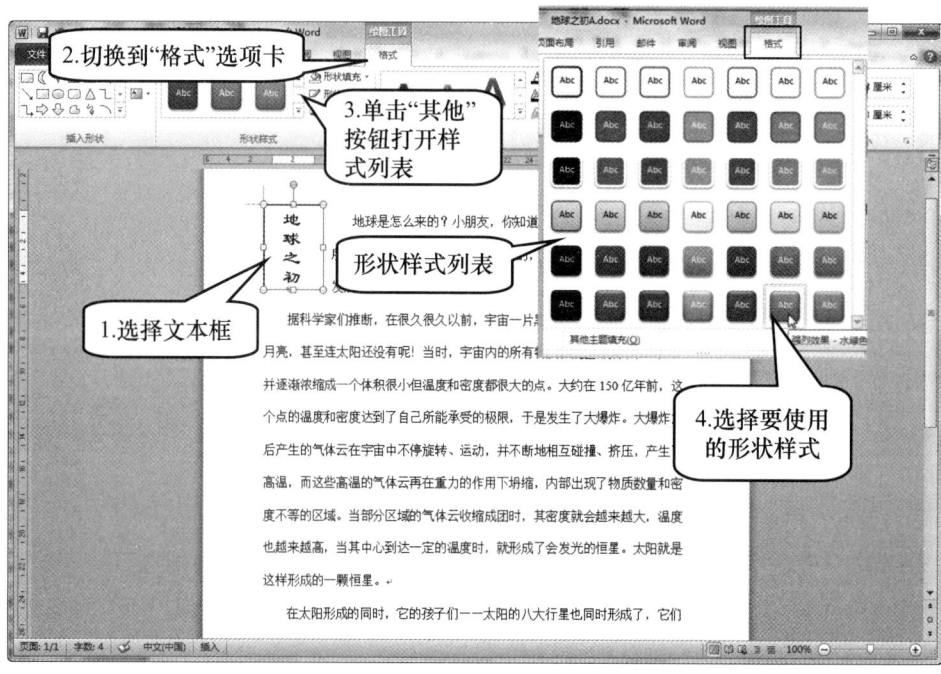

图 3-75　为文本框应用样式

(3) 更改文本框中文字的样式。操作方法如图 3-76 所示。

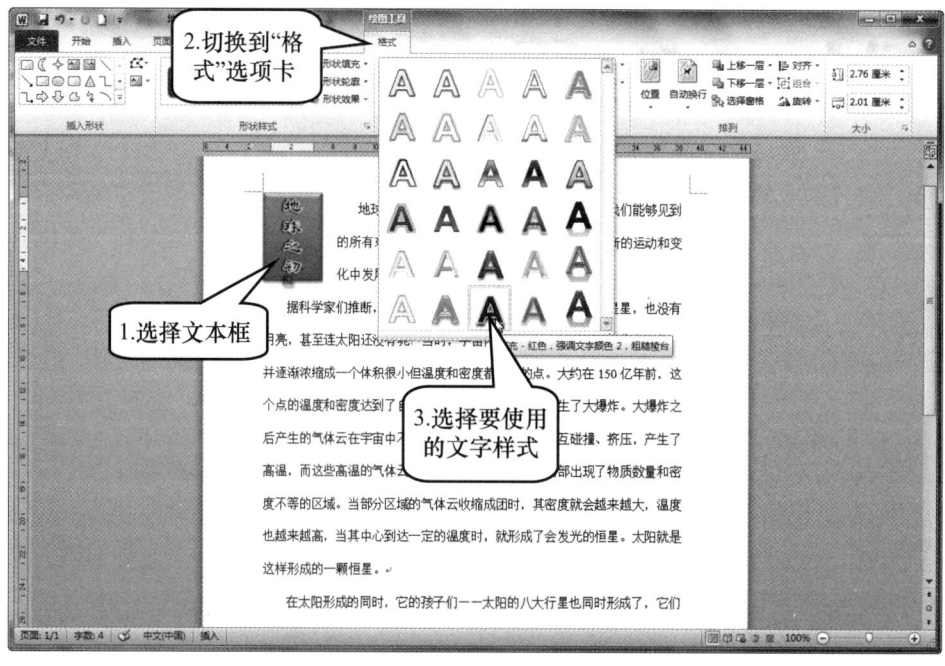

图 3-76　更改文本框中文字的样式

(4)绘制图形。操作方法如图 3-77 所示。

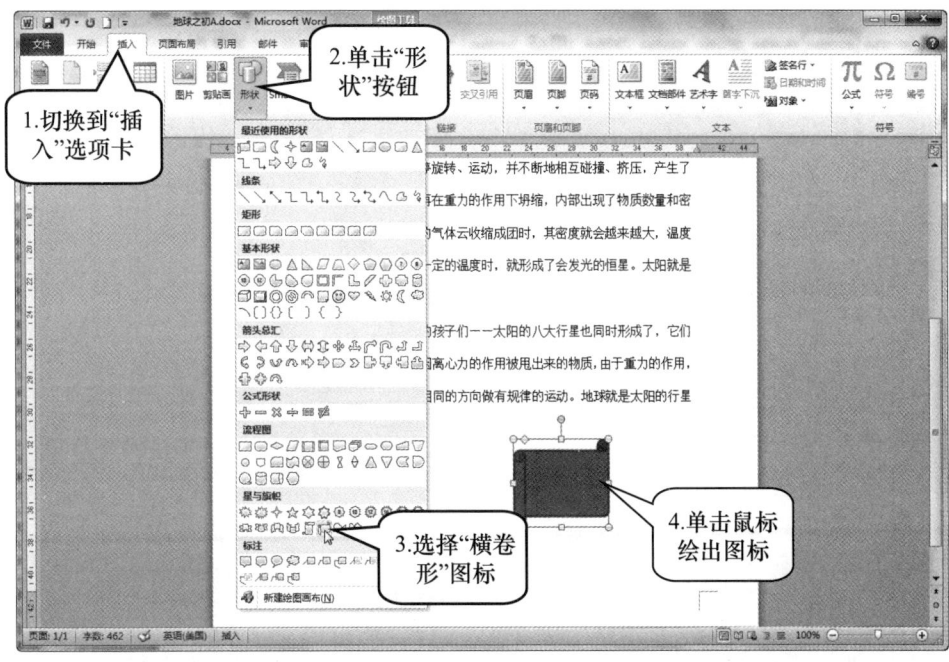

图 3-77 绘制"横卷形"图形

(5)更改图形的填充颜色和轮廓颜色。操作方法如图 3-78 所示。

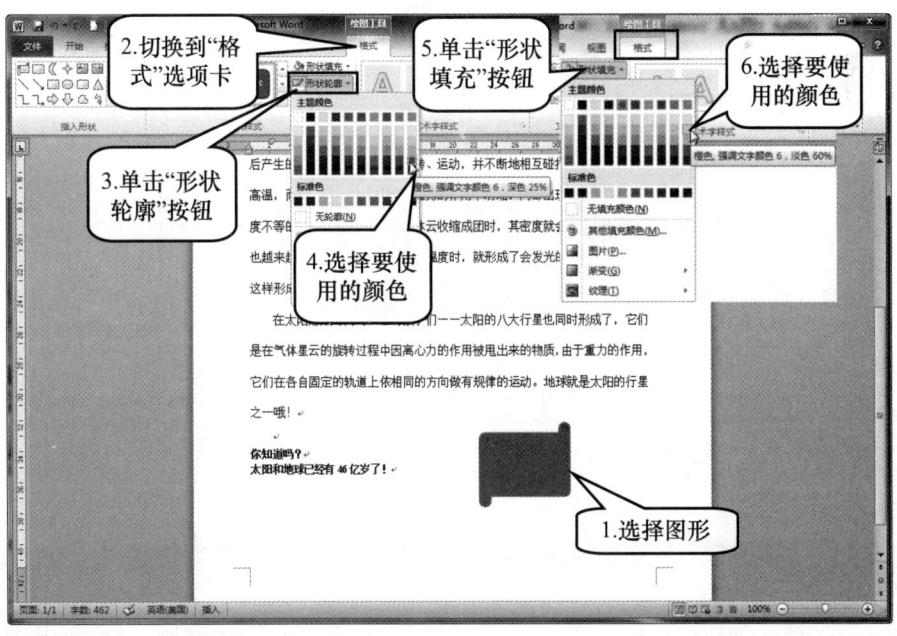

图 3-78 更改图形的填充颜色和轮廓颜色

(6) 在图形中添加文字。操作方法如图 3-79 所示。

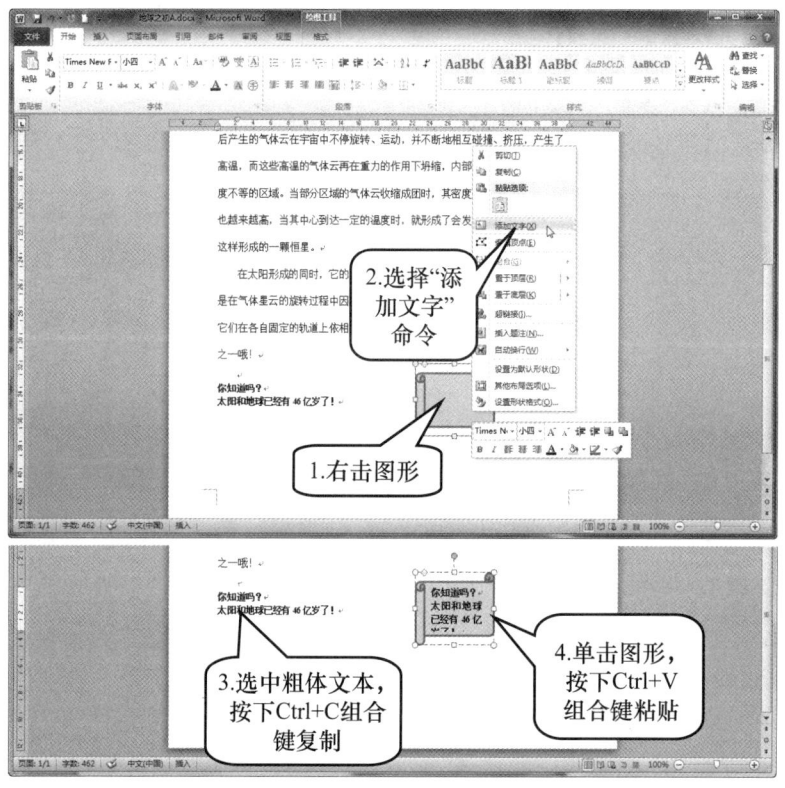

图 3-79　在图形中添加文字

(7) 更改图形大小。操作方法如图 3-80 所示。

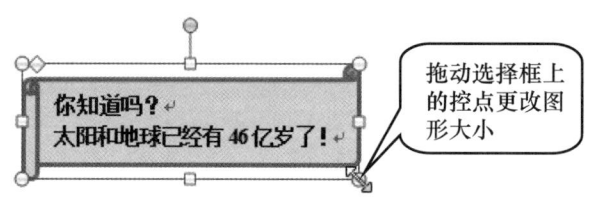

图 3-80　更改图形大小

(8) 更改图形位置。选择"中间居右，四周型文字环绕"方式，操作方法略。

3. 艺术字

艺术字是指具有艺术效果的文字，如带阴影的、扭曲的、旋转的和拉伸的文字等。在 Office 中，艺术字被当成一种对象来处理，可以使用艺术字工具来设置它的样式、特殊效果、排列方式和尺寸等。

将"蚂蚁和大象.docx"文档中的标题文本更改为艺术字,最终效果如图 3-81 所示。

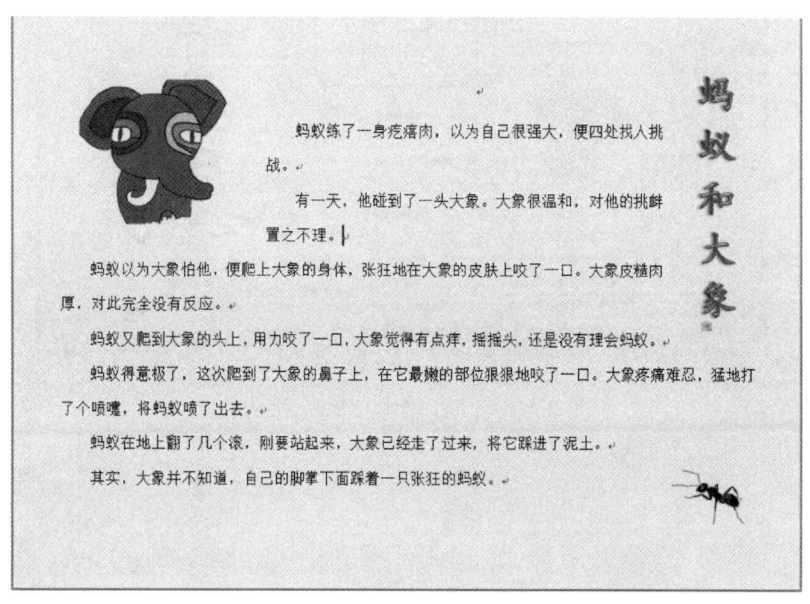

图 3-81　将标题文本更改为艺术字

(1) 将现有文本更改为艺术字。操作方法如图 3-82 所示。

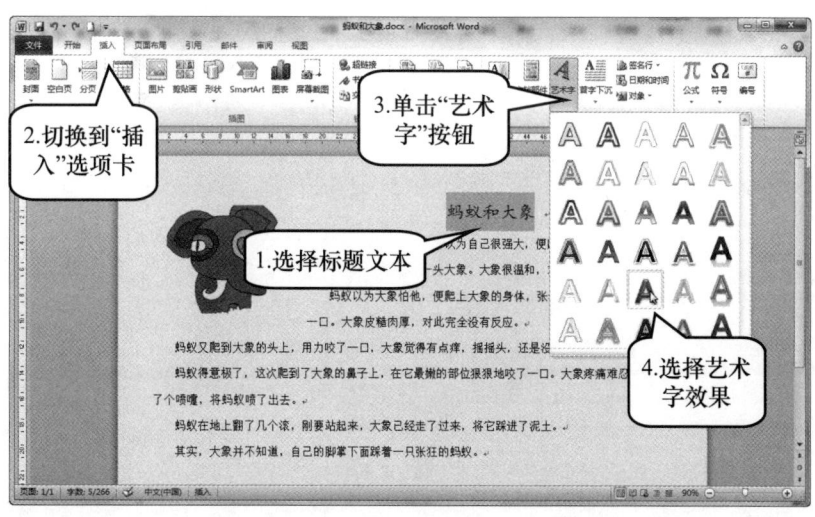

图 3-82　将现有文本更改为艺术字

(2) 更改艺术字的位置。选择"顶端居右,四周型文字环绕",具体操作方法略。

(3) 更改艺术字的文字方向。操作方法如图 3-83 所示。

图 3-83　设置艺术字的文字方向

扫一扫，做练习

4 电子表格处理软件 Excel 2010 应用

Excel 的基本职能是对数据进行记录、计算与分析，它的应用范围非常广泛，小到可以充当一般的计算器，用来记账、计算贷款或储蓄利息，大到可以进行专业的科学统计运算，并对大量数据进行计算分析，为公司财务政策的制定提供参考。

4.1 电子表格基本操作

Excel 文件称为工作簿，工作簿中包含一个或多个工作表。工作表是用于存储和处理数据的，由排列成行或列的单元格组成，也称为电子表格。在 Excel 中，处理数据的任务都是在工作簿、工作表和单元格中完成的。

通过本节的学习，您将掌握以下内容：

◆工作簿的创建和保存、退出。

◆工作表的创建与删除。

◆表格数据的输入。

4.1.1 电子表格文件基本操作

1. 启动 Excel 2010

启动 Excel 2010 有以下几种方法。

（1）从"开始"菜单启动。

（2）双击桌面上的程序快捷图标启动。

（3）打开一个现有的 Excel 工作簿启动。

2. Excel 2010 的工作界面

启动 Excel 2010 后，会自动打开一个包含 3 张空白工作表的空白工作簿，其默认名称为工作簿 1、工作簿 2、工作簿 3，如图 4-1 所示。

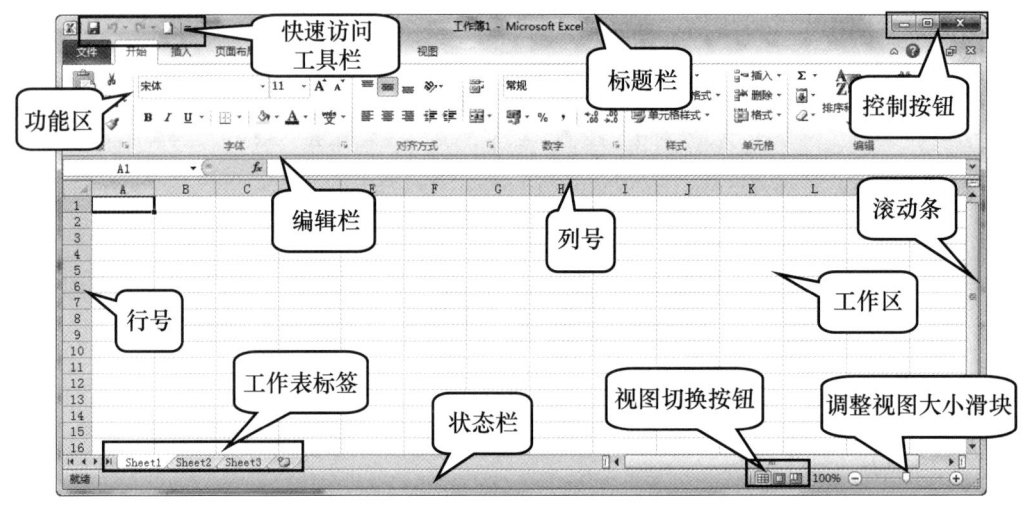

图 4-1　Excel 2010 工作界面

在 Excel 2010 的程序界面中，除了包含 Office 组件共有的标题栏、快速访问工具栏、功能区、状态栏、滚动条等元素外，还包含一些 Excel 特有的元素，如编辑栏、工作表标签、行号、列号等。

（1）编辑栏。用来显示和编辑数据、公式，由 5 部分组成，从左向右依次是：名称框、"插入函数"按钮、编辑区、展开/折叠和翻页按钮。其结构如图 4-2 所示。

图 4-2　编辑栏

单击"插入函数"按钮可打开"插入函数"对话框，同时它的左边会出现"取消"按钮 ✕ 和输入按钮 ✓。

(2) 工作表标签。用来显示工作表的名称。在默认情况下，新建的工作簿中包含 3 张工作表，其名称分别为 Sheet1、Sheet2、Sheet3。可以对现有的工作表进行重命名，也可以根据需要添加或删除工作表。一个工作簿中最多可以包含 255 个工作表。

(3) 行号和列号。工作表也称为电子表格，其基本单位为单元格，并用数字表示行号，自上而下为 1、2、3、…，由字母及字母的组合表示列号，从左到右为 A、B、C、…。

3. 新建工作簿

(1) 启动 Excel 2010，同时新建一个空白工作簿。

(2) 启动 Excel 2010 后，在程序窗口中选择"文件"—"新建"命令。

(3) 按下 Ctrl+N 组合键。

4. 插入工作表

(1) 右击某工作表的标签，从弹出的快捷菜单中选择"插入"命令，可插入具有某些特定类型的新工作表，具体操作如图 4-3 所示。

(2) 单击工作表标签右边的"插入工作表"按钮。

(3) 按下 Shift+F11 组合键。

5. 删除工作表

删除工作表的方法有以下两种。

(1) 切换到要删除的工作表中，单击"开始"选项卡"单元格"组中的"删除"按钮，从弹出菜单中选择"删除工作表"命令。

(2) 右击工作表标签，从弹出的快捷菜单中选择"删除"命令。

6. 保存工作簿

(1) 单击快速访问工具栏中的"保存"按钮。

(2) 按下 Ctrl+S 组合键。

(3) 选择"文件"—"保存"命令。

保存工作簿是对所有工作表的保存，工作簿中无法单独保存某个工作表。

新建一个工作簿，保存为"进货单.xlsx"。操作方法如图 4-4 所示。

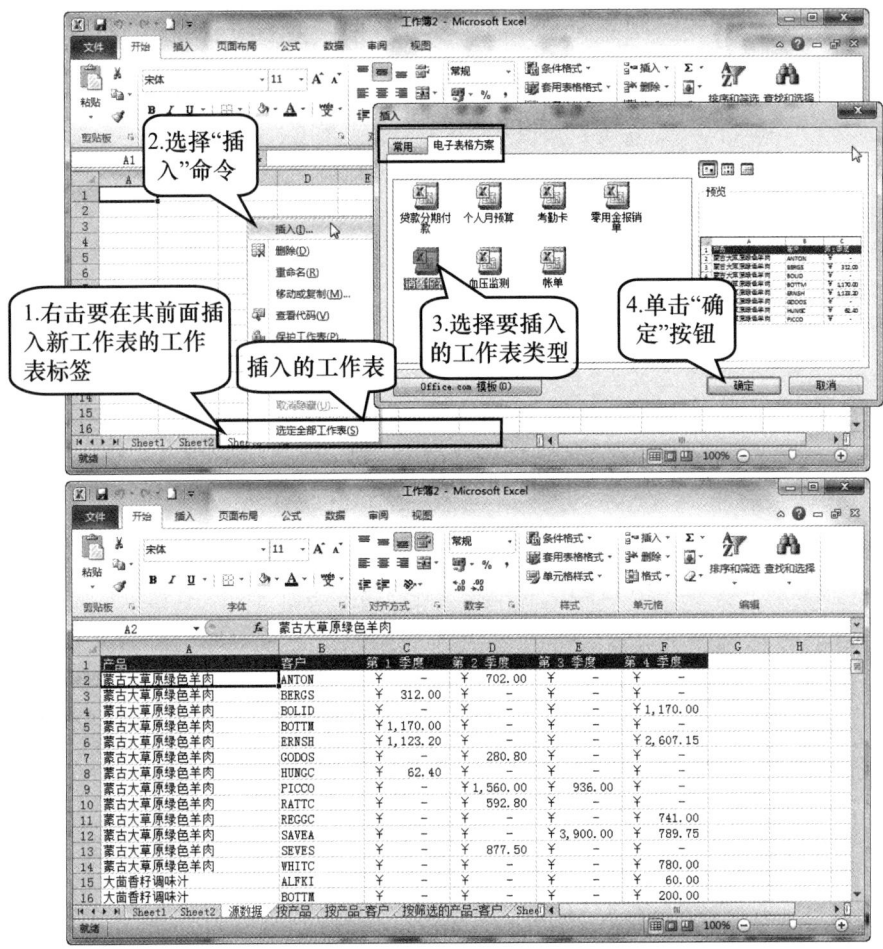

图 4-3　插入工作表

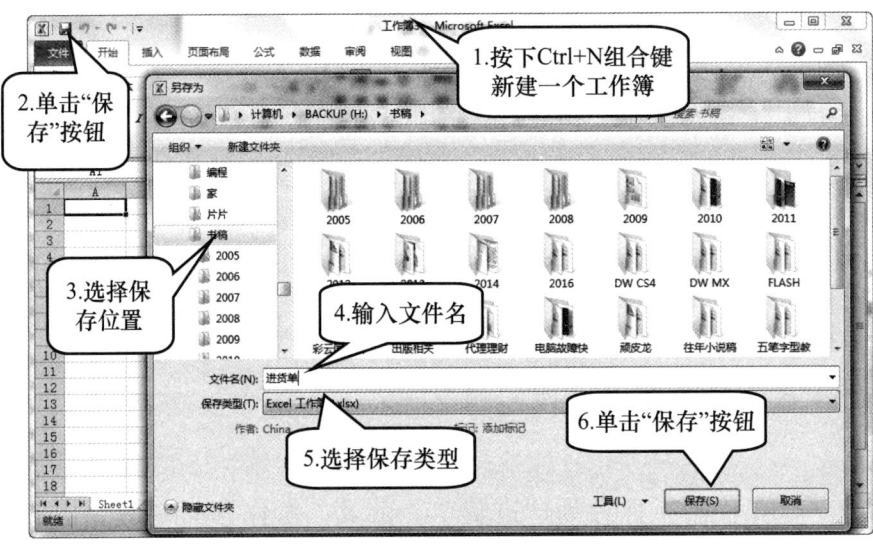

图 4-4　新建和保存工作簿

7. 退出 Excel 2010

（1）单击"文件"—"退出"命令。

（2）单击窗口右上角的"关闭"按钮。

（3）按下 Alt＋F4 组合键。

4.1.2 编辑数据

1. 单元格和单元格区域

（1）单元格。在表格中，行和列交叉部分称为"单元格"，它是存放数据的最小单元，又称为"存储单元"，是工作表中存储数据的基本单位。每个单元格都有其固定的地址，用列号和行号表示。例如，单元格 B7 表示其行号为 7，列标为 B。

在一个单元格中输入并编辑数据之前，应选定该单元格为活动单元格，即当前正在操作的单元格，呈黑色外框显示，如图 4-5 所示。

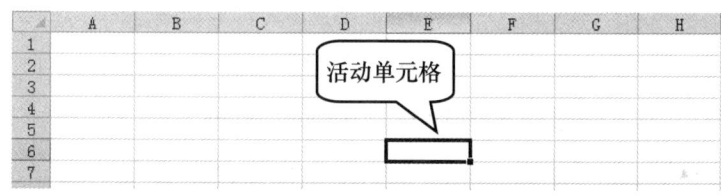

图 4-5　活动单元格

（2）单元格区域。连续的单元格构成单元格区域。当若干个单元格参与运算时，例如要计算 B1，B2，…，B10 这 10 个单元格的数据之和，如果将它们的地址全部写出来显然会降低办公效率，Excel 使用单元格区域对此进行了简化。单元区域表示法是只写出单元格区域的开始和结束两个单元格的地址，二者之间用冒号分开，以表示包括这两个单元格在内的、它们之间所有的单元格。表 4-1 列出了单元格区域的表示方法。

表 4-1　单元格区域的表示方法

区域	示例	表示方法
同一列连续的单元格	从 A1 到 A6，连续的、都在第一列中从第一行到第六行的 6 个单元格	A1：A6
同一行连续的单元格	从 A1 到 F1，连续的、都在第一行中从第一列到第六列的 6 个单元格	A1：F1
矩形区域中的单元格	以 A1 和 C3 作为对角线两端的矩形区域，三行三列共 9 个单元格	A1：C3

2. 工作表的切换

（1）用鼠标切换。单击工作表标签，可迅速切换到相应的工作表。

（2）用键盘切换。按下 Ctrl＋PageDown 组合键，可顺序切换到下一张工作表。

当创建了多个工作表时，可以利用工作表标签左侧的四个滚动按钮来显示当前不可见的工作表标签。当前活动工作表的标签以白底显示，如图 4-6 所示。

图 4-6　活动工作表

3. 输入具有自动设置小数点或尾随零的数字

当需要在单元格中填充小数或后面尾随多个 0 的数字时，可以在输入数字时直接键入小数点或 0。为了不至于出错，也可以让 Excel 自动设置小数点或尾随零的数字。具体操作方法有两种。

（1）通过设置单元格格式进行设置。操作方法如图 4-7 所示。

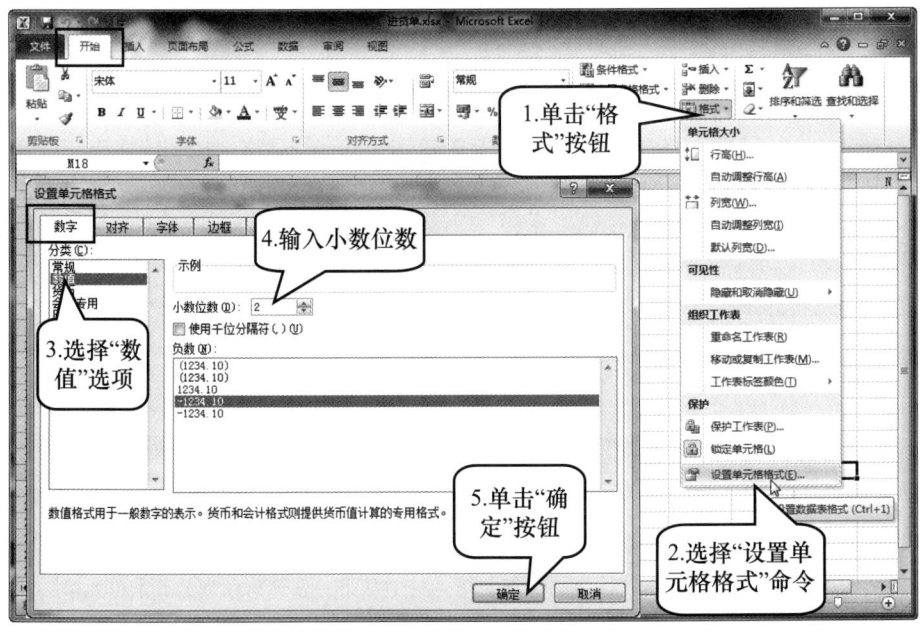

图 4-7　通过设置单元格格式设置数字格式

在指定位数时,若要设置小数点右边的位数,应输入一个正数;反之,若要设置小数点左边的位数,则应输入一个负数。例如,如果在"位数"微调框中输入"3",然后在单元格中输入"2834",则其值为"2.834";而如果在"位数"微调框中输入"-3",然后在单元格中输入"283",则其值为"283000"。

(2)通过设置系统参数进行设置。操作方法如图4-8所示。

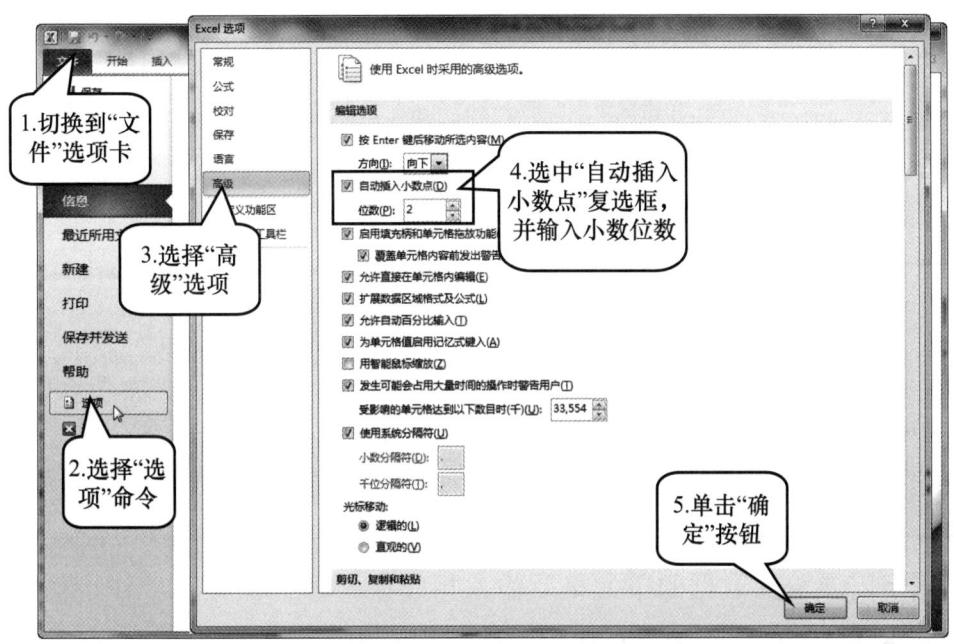

图4-8　通过设置系统参数设置数字格式

4. 输入数字、文字、日期和时间

单击所需的单元格,即可向其中输入数字、文字、日期、时间等类型的数据。按下Enter键或Tab键,可以移动插入光标到下一行或同行的下一个单元格继续输入数据。

在输入日期时,要用连字符分隔日期的年、月、日部分。例如,可以输入"2009-3-8"或"8-March-09"。

在输入时间数据时,如果按12小时制输入时间,应在时间数字后空一格,并输入字母a(上午)或p(下午),例如,9:00p。否则,如果只输入时间数字,Excel将按AM(上午)处理;如果要输入当前的时间,则按下Ctrl+Shift+:(冒号)组合键即可。

5. 同时在多个单元格中输入相同数据

要在多个单元格中同时输入相同的数据,必须先选定所需的单元格,这些单元格不必相邻。表 4-2 列出了选择单元格和单元格区域的方法。

表 4-2 选择单元格和单元格区域的方法

选择对象	操作方法
选择单个单元格	单击相应的单元格
选择单元格区域	单击区域的第 1 个单元格,再拖动鼠标到最后一个单元格
选择较大的单元格区域	单击区域中的第 1 个单元格,再按住 Shift 键,单击区域中的最后一个单元格
选择工作表中所有单元格	单击工作表左上角的"全选"按钮
选择不相邻的单元格或单元格区域	先选中第 1 个单元格或单元格区域,再按住 Ctrl 键选中其他的单元格或单元格区域
选择整行或整列	单击行标题或列标题
选择相邻的行或列	在行标题或列标题中拖动鼠标,或者先选中第一行或第一列,再按住 Shift 键选中最后一行或最后一列
选择不相邻的行或列	先选中第一行或第一列,再按住 Ctrl 键选中其他的行或列

选定需要输入数据的单元格后输入相应数据,然后按下 Ctrl+Enter 组合键即可在选定的多个单元格中同时输入相同的数据。

6. 在单元格区域中输入相同数据

当需要在一个单元格区域中输入相同的数据时,除了可以先选定该区域,然后输入数据并按下 Ctrl+Enter 组合键确认外,也可以先在起始单元格内输入第 1 个数据,然后将指针移动到该单元格的右下角的黑色矩形状的填充柄上,当指针变为十字(+)状时按住鼠标左键向上、下、左或右拖动,即可在矩形包围的单元格区域中添加相同的数据,如图 4-9 所示。

7. 同时在多张工作表中输入或编辑相同的数据

选定一组工作表后,在其中一张工作表中输入数据,那么在所有工作表中的相应单元格中都会被输入相同的数据。

同样地,在多张选定的工作表中编辑其中一张的数据时,其他工作表也会被修改。选定要输入数据的工作表后,再选定需要输入数据的单元格或单元格区域，然后在第 1 张工作表的选定单元格中键入或编辑相应的数据，按下 Enter 键或 Tab 键，即可在其他工作表中输入或修改数据。

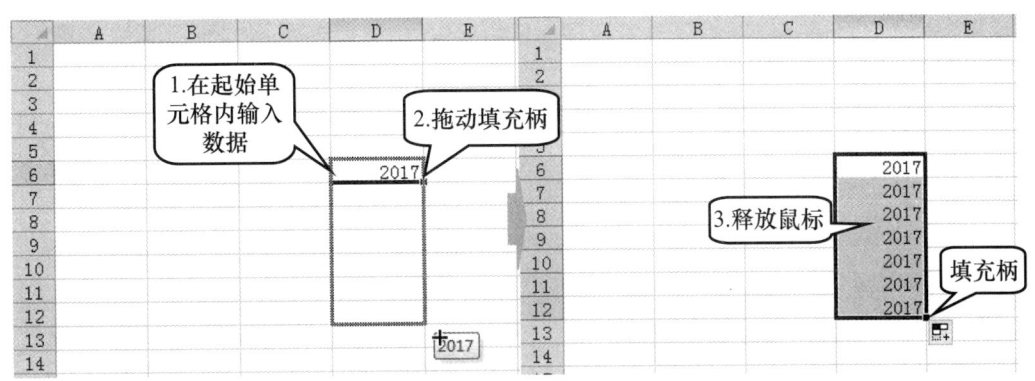

图 4-9　通过设置系统参数设置数字格式

8. 自动填充数据

在向表格中填充数据时，可以使用记忆式键入法在同一数据列中自动填写重复录入项。如果在单元格中键入的起始字符与该列已有的录入项相符，Excel 可以自动填写其余的字符。

输入起始字符后，可根据情况执行下列操作，接受或拒绝自动录入项。

（1）接受建议的录入项。按下 Enter 键。记忆式键入法提供的录入项完全采用已有录入项的大小写格式。

（2）不采用自动提供的字符。继续键入所需的数据。

（3）删除自动提供的字符。按下 Backspace 键。

自动录入项中只能包含数字和没有格式的日期或时间。

9. 填充序列

利用 Excel 的自动填充功能，不但可以在相邻的单元格中填充相同的数据，还可以快速输入具有某种具体规律的数据序列，如可扩展序列、等差序列、等比序列等。

当需要在表格中填充一系列数字、日期或其他项目时，可在需要填充的单元格区域中选择第 1 个单元格，为此序列输入初始值，并在下一个单元格中输入值以创建模式。然后选定包含初始值的单元格，将填充柄拖动到待填充区域上（若要按升序排列，从上到下或从左到右填充；若要按降序排列，则从下到上或从右到左填充）。此时，Excel 将在选定填充区域中复制序列初始值，并在区域右下角显示一个“自动填充”按钮；单击此按钮，可弹出一个下拉菜单，从中单击所需的单选项，即可按序列填充一系列指定项目，如图 4-10 所示。

在输入序列模式时，应遵循以下原则。

序列为 2、3、4、5……时，在前两个单元格中分别输入 2 和 3；序列为 2、4、6、8……时，在前两个单元格中分别输入 2 和 4；序列为 2、2、2、2……时，则将第 2 个单元格保留为空白。

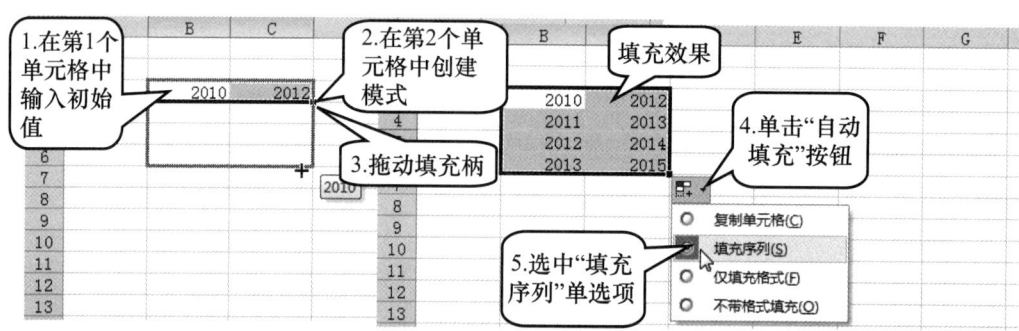

图 4-10　填充序列数据

若要指定序列类型，应按住鼠标右键拖动填充柄，在到达填充区域之上时，选择快捷菜单中的相应命令。例如，如果序列的初始值为 JAN-02，选中“以月填充”单选项，可生成序列 FEB-02、MAR-02 等；选中“以年填充”单选项，则生成序列 JAN-03、JAN-04 等。表格示例如图 4-11 所示。

进货单.xlsx

	A	B	C	D	E	F	G	H
1	编号	进货日期	产品编码	产品名称	单位	数量	成本	购入金额
2	001	1	00010	咖啡	箱	25	250	
3	002	10	00010	咖啡	箱	70	250	
4	003	10	00011	啤酒	件	25	200	
5	004	14	00010	咖啡	箱	3	250	
6	005	19	00011	啤酒	件	70	200	

一月　二月　三月　四月　五月　六月

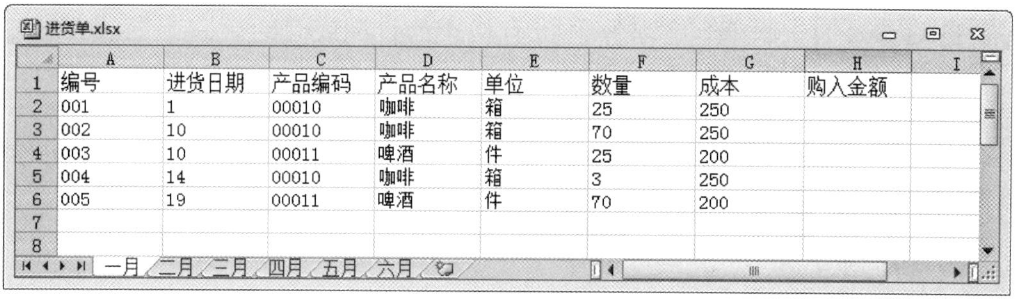

图 4-11　表格示例

操作方法：

（1）重命名工作表标签。操作方法如图 4-12 所示。

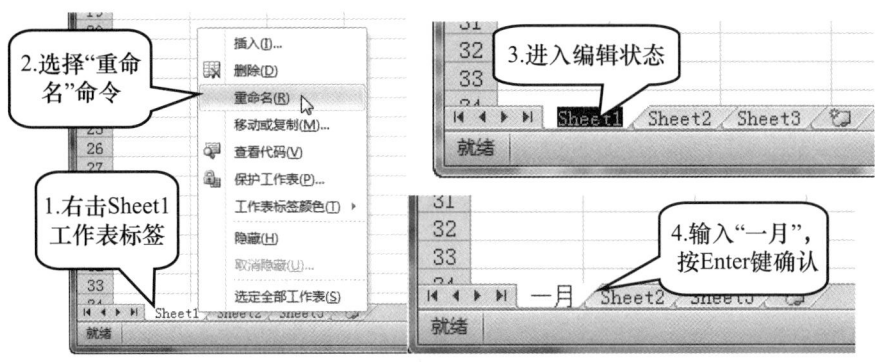

图 4-12 重命名工作表

（2）插入新工作表。操作方法如图 4-13 所示。

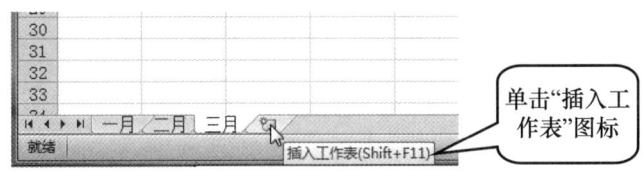

图 4-13 插入新工作表

插入 3 张新工作表后，将新工作表分别命名为"四月""五月""六月"。具体操作略。

（3）设置数据类型。操作方法如图 4-14 所示。

图 4-14 设置数据类型

（4）输入数据。操作方法如图 4-15 所示。

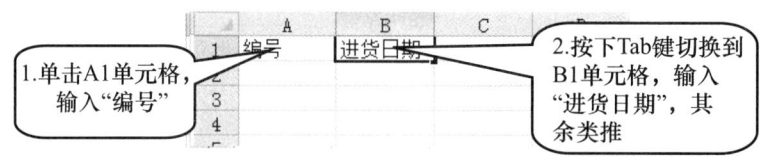

图 4-15　输入数据

（5）输入编号序列。操作方法如图 4-16 所示。

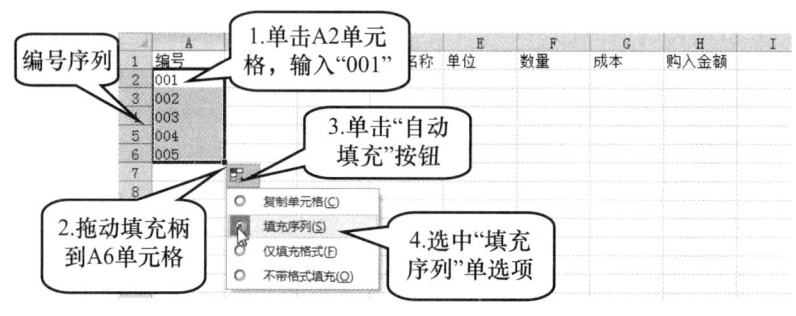

图 4-16　输入编号序列

参照步骤（4）输入其他数据。

建立一个名为“手机销售 . xlsx”的电子表格，并保存到“我的作业”文件夹中。效果展示如图 4-17 所示。

	A	B	C	D	E	F
1	2016年手机销售额					
2	品牌	第一季度	第二季度	第三季度	第四季度	
3	华为	14290	6970	11670	23650	
4	中兴	11880	6840	9790	19890	
5	联想	10245	5835	8856	7535	
6	金立	12700	6290	11000	9600	
7						
8						

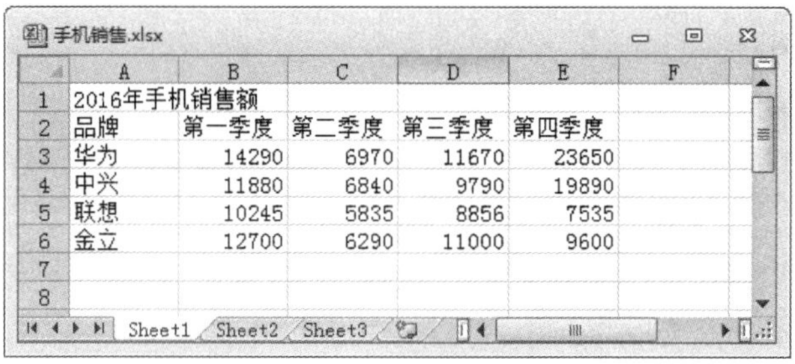

图 4-17　样表

4.2　电子表格格式设置

格式设置是指为工作表中的表格设置各种格式，包括调整表格的行高与列宽、合并单元格及对齐数据项、设置边框和底纹的图案与颜色、格式化表格中的文本等。此外，还可以对表格中的数据进行调整。

通过本节的学习，您将掌握以下内容：

◆在表格中移动、复制和删除数据。

◆插入单元格、行、列或其他对象。

◆调整列宽和行高。

◆设置数据格式。

◆设置表格格式。

4.2.1 编辑工作表及单元格

1. 移动、复制单元格的数据

移动数据是指把某个单元格或单元格区域中的内容从当前的位置删除并放置到另外一个位置；复制是指原位置内容不变，并把该内容复制到另外一个位置。如果原来的单元格中含有公式，移动或复制到新位置后，公式会因为单元格区域的引用变化生成新的计算结果。

(1) 使用按钮工具移动或复制数据。使用"开始"选项卡"剪贴板"组中的"复制""剪切"和"粘贴"按钮，可以方便地复制或移动单元格中的数据。

(2) 使用组合键移动或复制数据。复制的组合键是 Ctrl+C，剪切的组合键是 Ctrl+X，粘贴的组合键是 Ctrl+V。

(3) 使用鼠标拖放移动或复制数据。该操作适合源单元格和目标单元格相距较近的情况，具体操作方法如图 4-18 所示。

移动数据时，如果目标单元格内含有数据，会弹出一个警告对话框，询问用户是否要替换目标单元格内的内容，单击"确定"按钮，则目标区域单元格中的数据将被替换。

使用鼠标拖动的方法复制单元格或单元格区域数据的操作与移动操作相似，只是在按下鼠标左键的同时要按住 Ctrl 键，此时在十字箭头状的鼠标旁边会出现一个加号（+），表示现在进行的是复制而不是移动操作。进行复制操作时，目标区域内所含有的数据会被自动覆盖。

(4) 使用快捷菜单移动或复制数据。操作方法如图 4-19 所示。

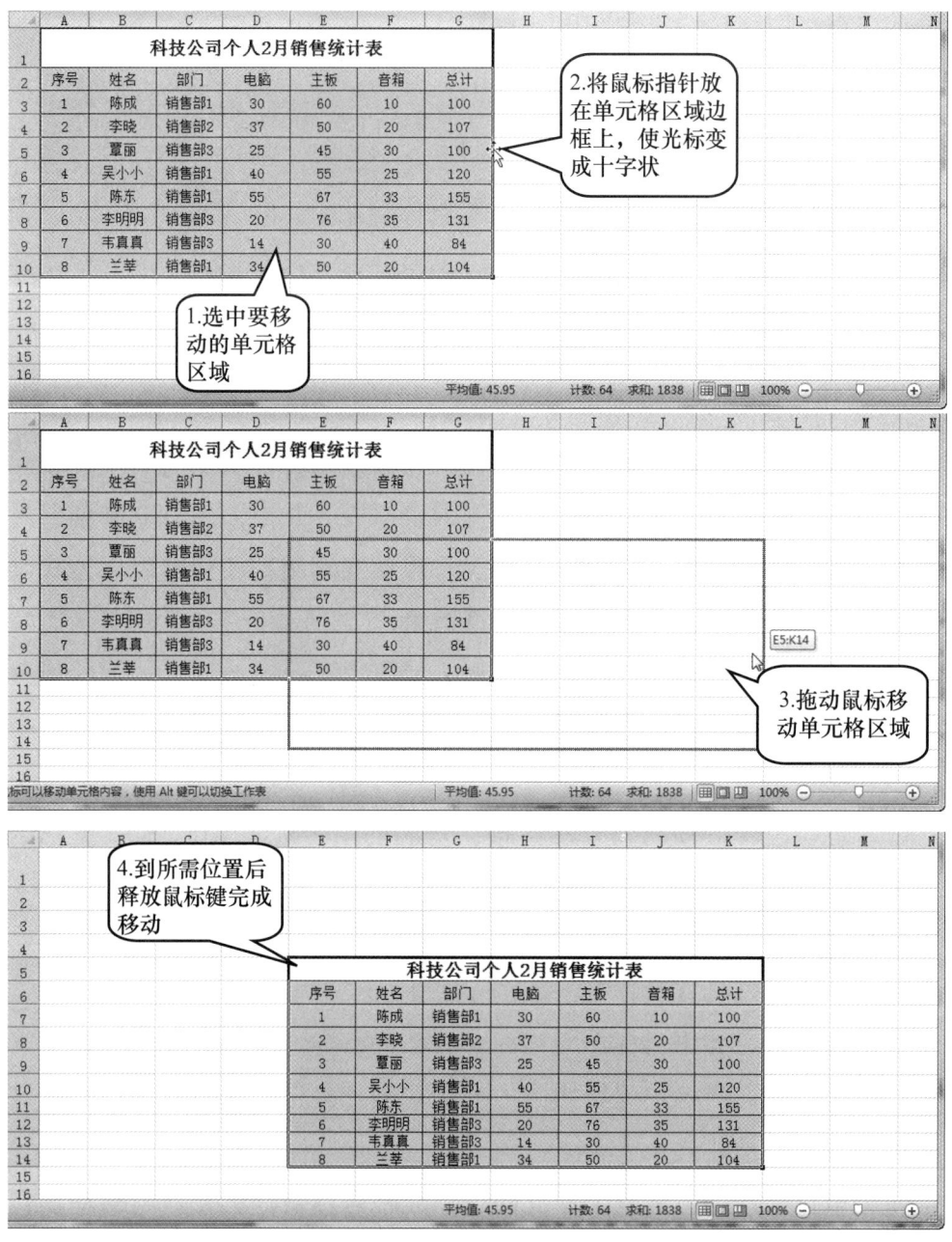

图 4-18 移动数据

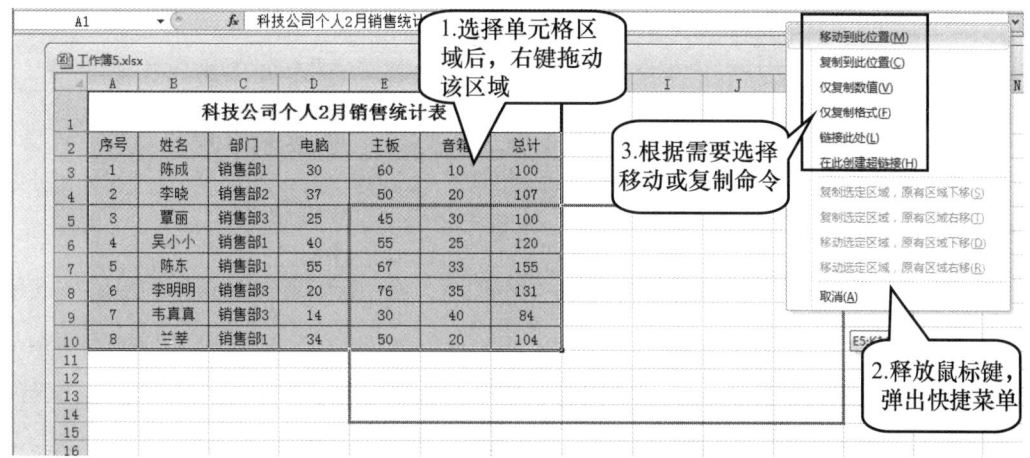

图 4-19 使用快捷菜单移动或复制数据

（5）选择粘贴方式。对于复杂数据，可以有选择地进行数据的复制，在"开始"选项卡"剪贴板"组中的"粘贴"按钮下拉面板中，提供了多种粘贴方式，可以将复制的数据粘贴为不同的数据格式。

打开"素材\表格素材\销售统计表.xlsx"工作簿，将 B2：G10 单元格区域中的数据以转置的方式复制到 A12：I17 单元格区域中。具体操作方法如图 4-20 所示。

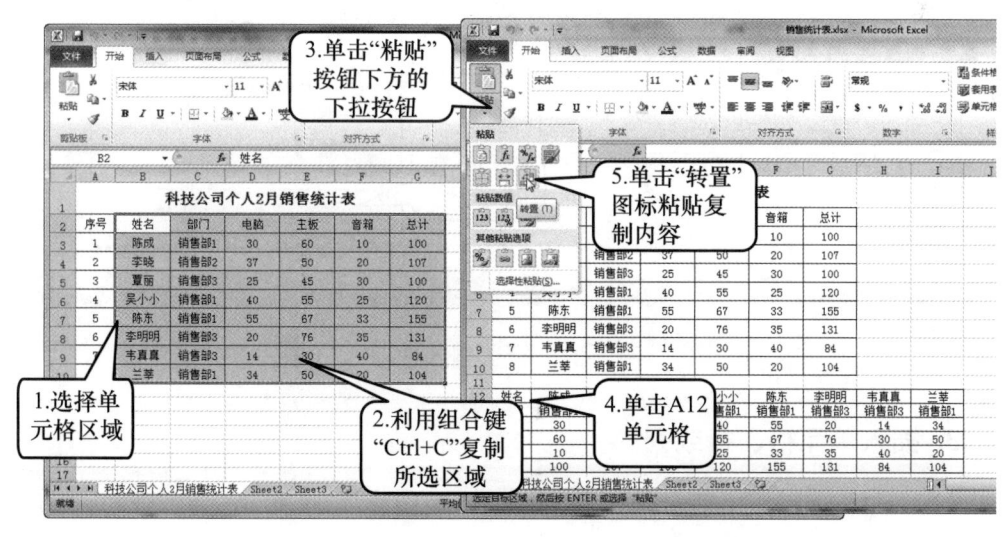

图 4-20 转置的复制结果

2. 删除数据

（1）删除当前工作表。在"删除"菜单中选择"删除工作表"命令。

（2）删除工作表行。在"删除"菜单中选择"删除工作表行"命令。

（3）删除工作表列。在"删除"菜单中选择"删除工作表列"命令。

（4）只删除单元格中的内容。选择所需单元格后，直接按下 Del 键即可清除其中的数据。

（5）连同单元格和其中的数据一起删除。先单击要删除的单元格，再单击"开始"选项卡"单元格"组中的"删除"按钮。在默认情况下，删除单元格时，其下方的单元格会自动上移以填补被删除的单元格的空缺。也可以指定让其他单元格来填补此位置，方法是弹出"删除"对话框，从中选择让哪个单元格来填补空缺，如图 4-21 所示。

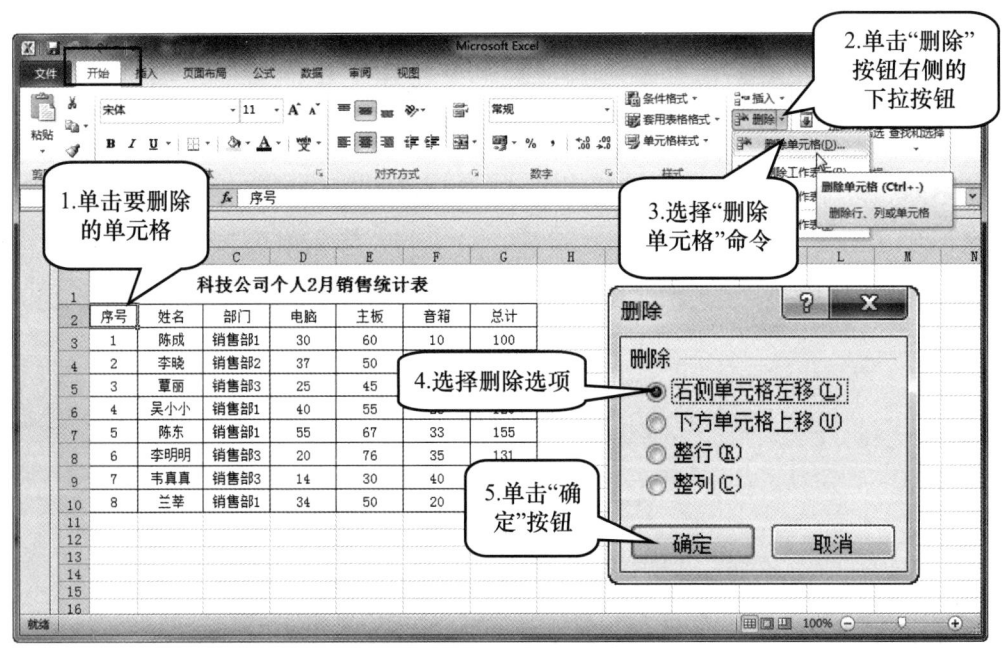

图 4-21 设置删除选项

3. 插入单元格、行或列

（1）插入空白单元格。单击"开始"选项卡"单元格"组中的"插入"按钮右侧的下拉按钮，从弹出菜单中选择"插入单元格"命令，弹出"插入"对话框，选择插入选项，如图 4-22 所示。

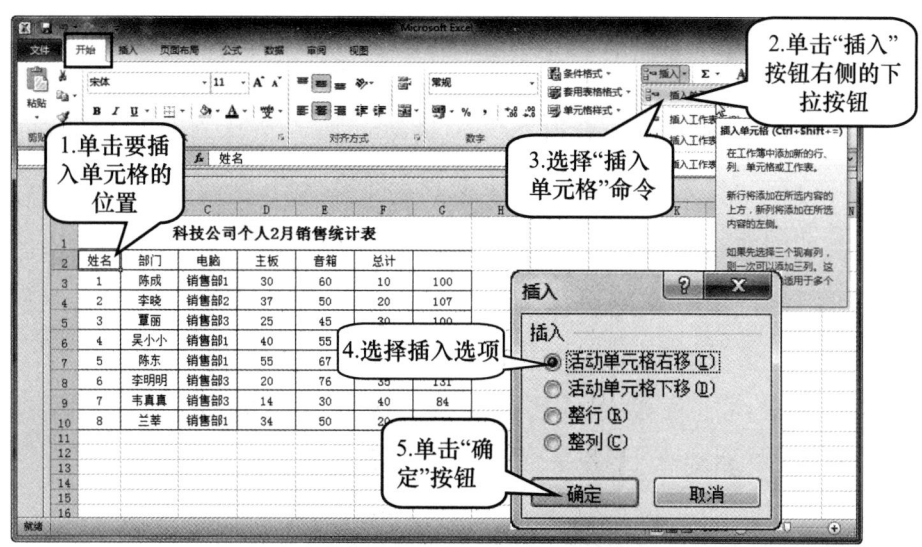

图 4-22　插入空白单元格

（2）插入工作表行。在要插入新行位置单击，然后从"插入"按钮下拉菜单中选择"插入工作表行"命令。插入行后，原活动行将移向新行的下方，如图 4-23 所示。

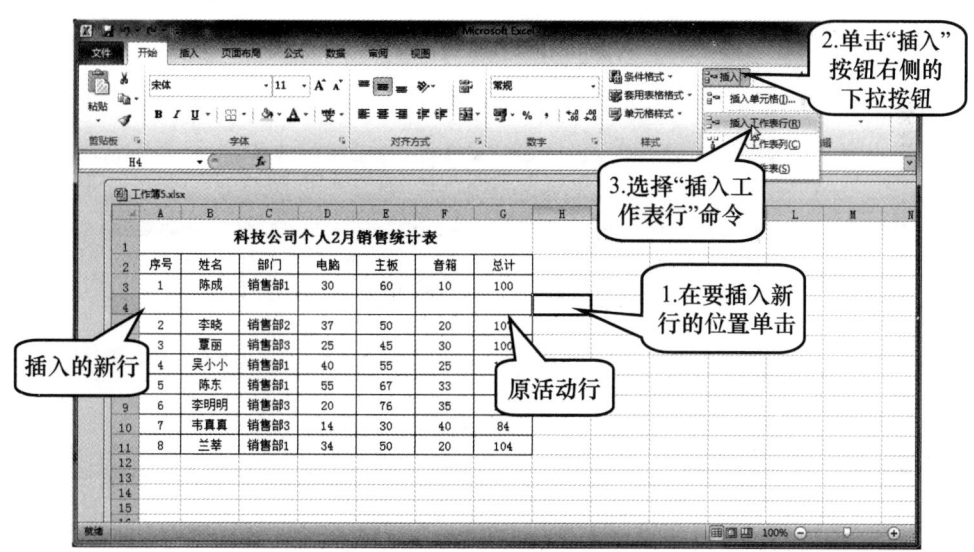

图 4-23　插入工作表行

（3）插入工作表列。在要插入新列的位置单击，然后从"插入"按钮下拉菜单中选择"插入工作表列"命令。插入列后，原活动列将移向新列的右侧。

4. 在工作表中插入对象

利用"插入"选项卡"文本"组中的"对象"按钮可以直接在电子表格中插入用其他程序创建的各种对象。不管是新建对象还是插入已有的对象，都可以通过设置"显示为图标"来让它们在工作表中显示为一个图标，双击图标即可启动创建对象的源程序，并打开相应的文件。此外，在插入已有对象时，也可以通过设置"链接到文件"来建立对象的链接，这样当用户在修改源文件后，也会反映到 Excel 中的对象中。

新建一个空白工作簿，在其中插入"素材\表格素材\表格.docx" Word 文档，结果如图 4-24 所示。

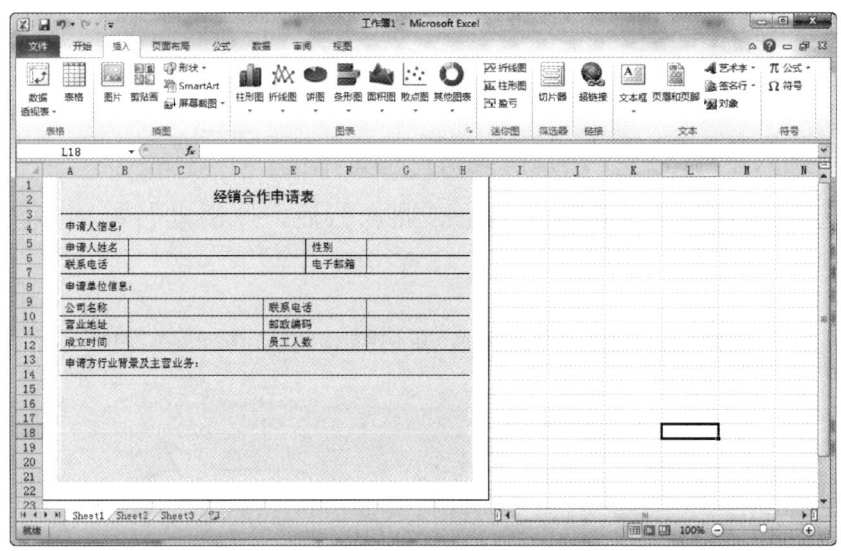

图 4-24　示例表格

操作方法如图 4-25 所示。

4.2.2　设置格式

1. 数据的格式

可以使用"开始"选项卡"字体"组和"数字"组中的工具来设置文本数据和数字数据的格式。选择要设置格式的数据后，再选择所需的工具即可为所选文本数据应用相应的格式。表 4-3 列出了文本和数字格式工具的图标及功能。

4 电子表格处理软件 Excel 2010 应用

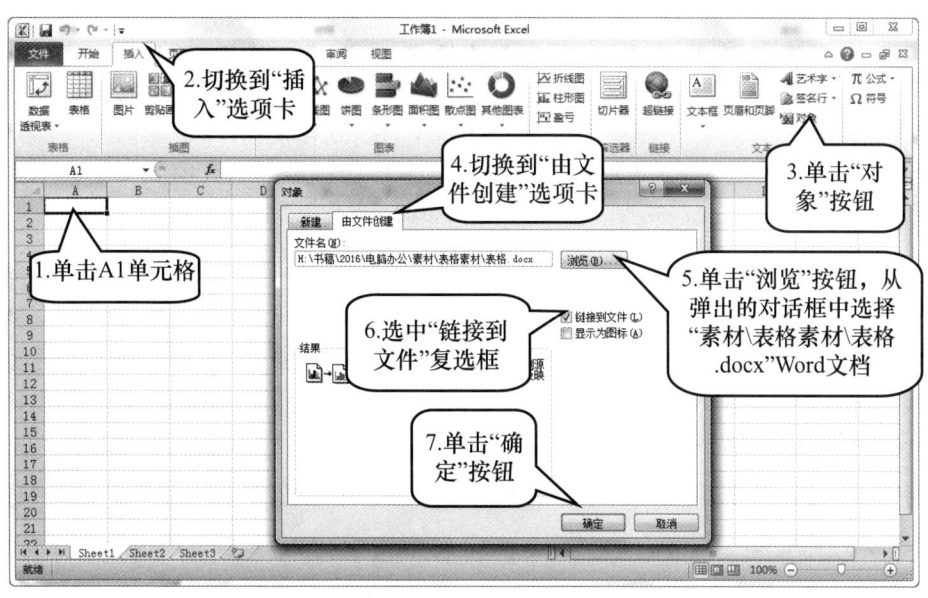

图 4-25　在 Excel 中链接 Word 表格

表 4-3　文本和数字格式工具的图标及功能

工具	图标	功能
字体	宋体	设置选定字符的字体
字号	11	设置选定字符的字号
增大字体	A	增大选定字符的字号
缩小字体	A	缩小选定字符的字号
加粗	B	使选定文本笔画加粗
倾斜	I	选定文本向右倾斜
下划线	U	为选定文本添加下划线
框线		对当前所选单元格应用边框
填充颜色		设置所选单元格的背景色
字体颜色	A	改变选定文本的颜色
显示/隐藏拼音字段	文	编辑所选字词拼音的显示方式
数字格式	常规	选择单元格中值的显示方式，如百分比、货币、日期或时间等
会计数字格式		为选定单元格选择替补货币样式，如选择欧元替补美元

续表

工具	图标	功能
百分比样式	%	将单元格值显示为百分比
千位分隔样式	,	显示单元格值时使用千位分隔符。这会将单元格样式更改为不带货币符号的会计格式
增加小数位数		增加显示的小数位数,以较高精度显示值
减少小数位数		减少显示的小数位数,以较低精度显示值

2. 数据的对齐方式

使用"开始"选项卡"对齐"组中的工具可以设置数据在单元格中的对齐方式、文本方向、缩进量和换行方式等格式。表 4-4 列出了各种对齐工具的图标及功能。

表 4-4 对齐工具的图标及功能

工具	图标	功能
顶端对齐		数据在单元格中以上边框对齐
垂直居中		数据在单元格中垂直居中对齐
底端对齐		数据在单元格中以下边框对齐
文本左对齐		数据在单元格中以左边框对齐
居中		数据在单元格中以水平居中对齐
文本右对齐		数据在单元格中以右边框对齐
方向		沿对角线或垂直方向旋转文字。通常用于标记较窄的列
减少缩进量		减少边框与单元格文字间的边距
增加缩进量		增加边框与单元格文字间的边距
自动换行		通过多行显示使单元格中的所有内容都可见
合并后居中		将所选的单元格合并成一个较大的单元格,并将单元格的内容居中。通常用于创建跨列标签

3. 合并单元格

合并单元格并不单单指合并后居中，还包括跨越合并或合并单元格区域。单击"合并后居中"按钮右侧的下拉按钮，即可看到更多的合并命令，如图 4-26 所示。

图 4-26　合并后居中下拉菜单

"合并后居中"下拉菜单中各命令的含义如下。

（1）跨越合并。将选中区域中的每一行中的多个单元格合并成一个。

（2）合并单元格。将选定的单元格区域合并为一个大单元格。

（3）取消单元格合并。取消单元格的合并，恢复原来的样式。

4. 设置单元格格式

单击"开始"选项卡"单元格"组中的"格式"按钮，从弹出菜单中选择"设置单元格格式"命令，打开"设置单元格格式"对话框，可以设置单元格中的数字、对齐、字体、边框、填充及保护格式，如图 4-27 所示。

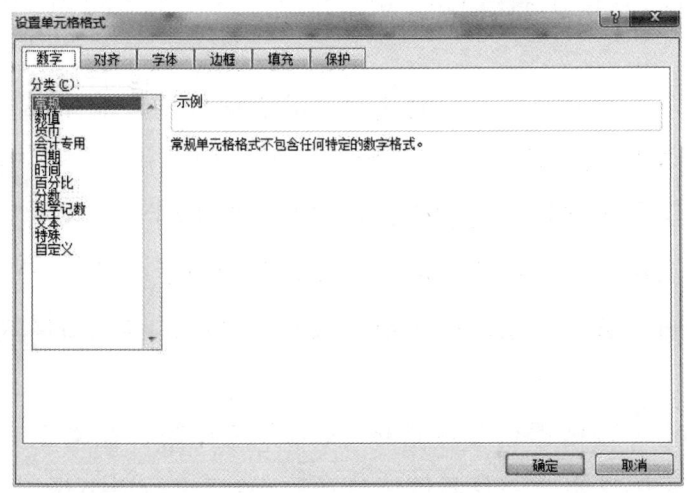

图 4-27　"设置单元格格式"对话框

5. 表格的列宽与行高

工作表中列的宽度和行的高度都是可以调整的,如果不需要调整得太精确,只需把鼠标移动到行标题的两行交界或列标题的两列交界处拖动鼠标即可调整其高度或宽度,如图 4-28 所示。

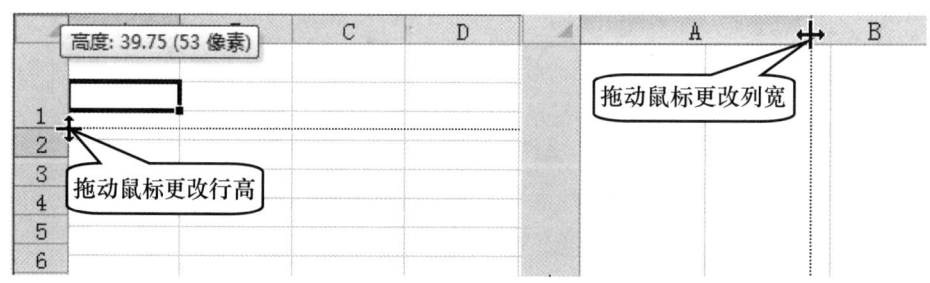

图 4-28　更改行高和列宽

当需要精确定义工作表的列宽和行高时,可以先选择所需的列或行,然后单击"开始"选项卡"单元格"组中的"格式"按钮,从弹出的菜单中选择"列宽"或"行高"命令,在弹出对话框中输入精确数值。

在"格式"弹出菜单中选择"自动调整行高"或"自动调整列宽"命令,可以将所选行或所选列的行高或列宽自动调整至最适合的状态,以匹配其中的数据。

6. 自动套用格式

Excel 提供了多种专业报表格式及单元格格式供用户选择,用户可以通过套用这些格式对工作表进行设置,从而大大节省用于格式化工作表的时间。

(1)自动套用表格样式。要套用预置的表格样式,应先选择所有包含所需数据的单元格区域,然后在"开始"选项卡中单击"套用表格格式"按钮,从弹出的菜单中选择所需的样式,如图 4-29 所示。

(2)自动套用单元格样式。使用"开始"选项卡"样式"组中的"单元格样式"按钮可以套用现成的单元格样式或者自定义单元格样式,如图 4-30 所示。

打开"表格\表格素材\进货单.xlsx"工作簿,在第 1 行上方插入一个新行,输入标题文本"一月酒饮进货单",然后进行以下设置。

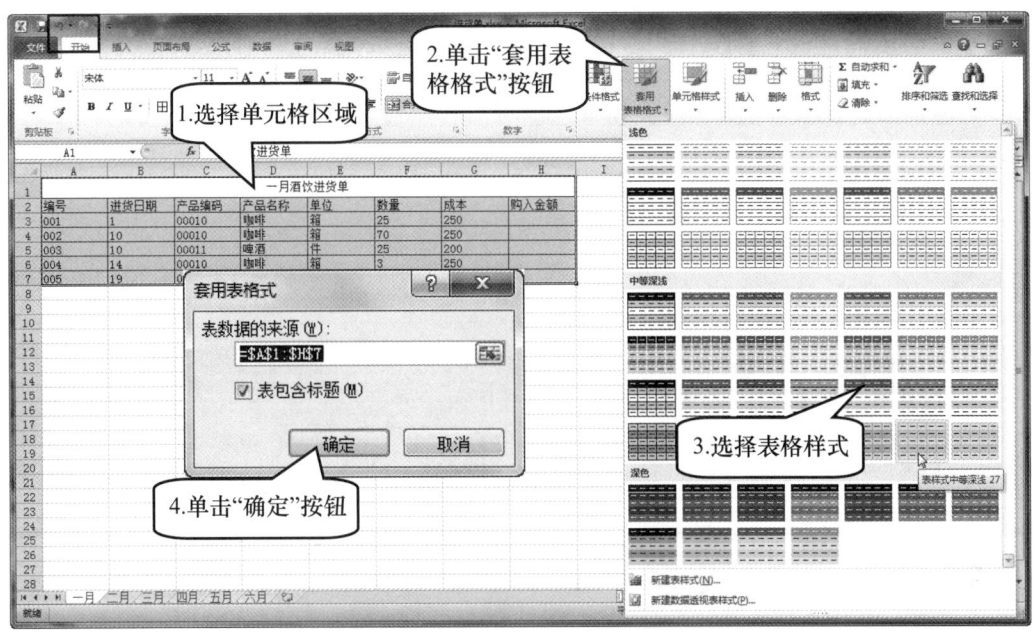

图 4-29 自动套用表格样式

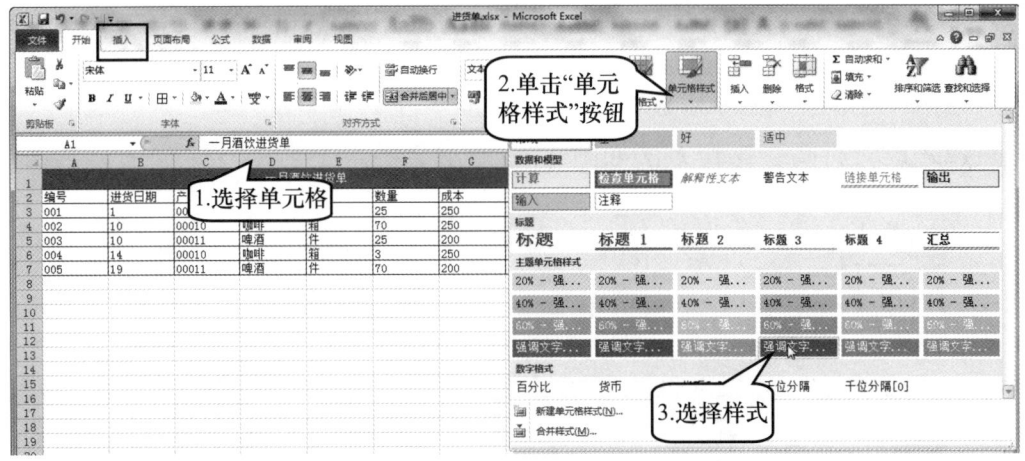

图 4-30 自动套用单元格样式

① 合并 A1：H1 单元格区域。

② 将标题行的行高设置为 20，将数据区域各列的列宽设置为 10。

③ 为数据区域添加表格边框。

④ 为标题单元格添加橙色底纹，为其他数据区域添加浅黄色底纹。

结果如图 4-31 所示。

一月酒饮进货单							
编号	进货日期	产品编码	产品名称	单位	数量	成本	购入金额
001	1	00010	咖啡	箱	25	¥250.00	
002	10	00010	咖啡	箱	70	¥250.00	
003	10	00011	啤酒	件	25	¥200.00	
004	14	00010	咖啡	箱	3	¥250.00	
005	19	00011	啤酒	件	70	¥200.00	

图 4-31　表格示例

操作步骤如下。

（1）合并单元格。操作方法如图 4-32 所示。

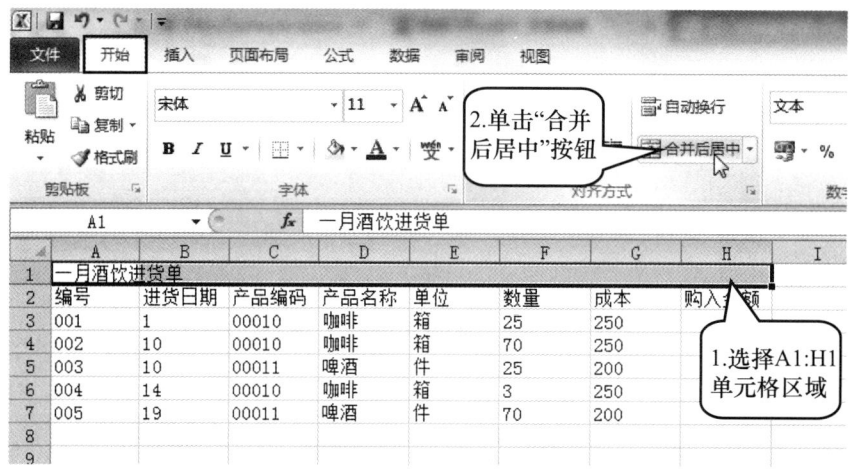

图 4-32　合并单元格

（2）设置行高。操作方法如图 4-33 所示。

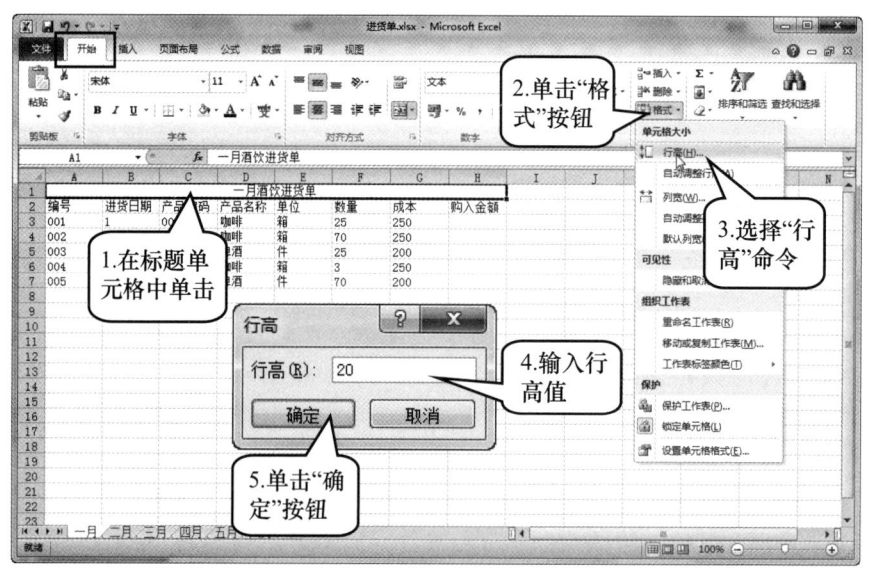

图 4-33　设置行高

(3) 设置列宽。操作方法如图 4-34 所示。

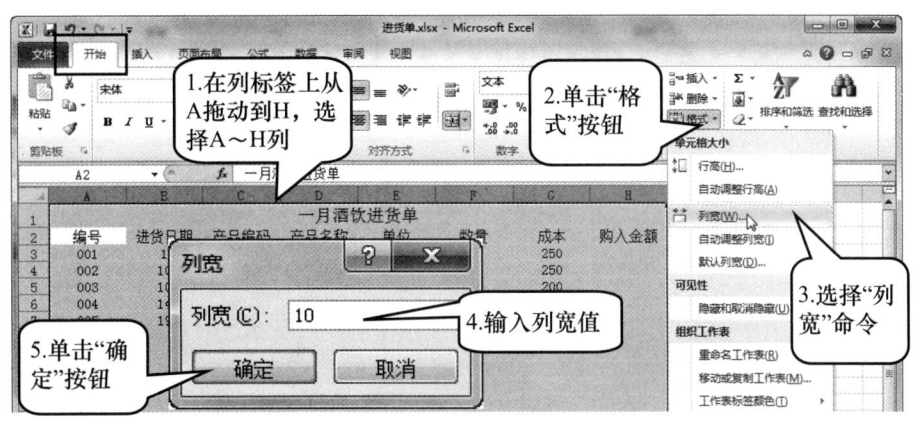

图 4-34　设置列宽

(4) 设置边框。操作方法如图 4-35 所示。

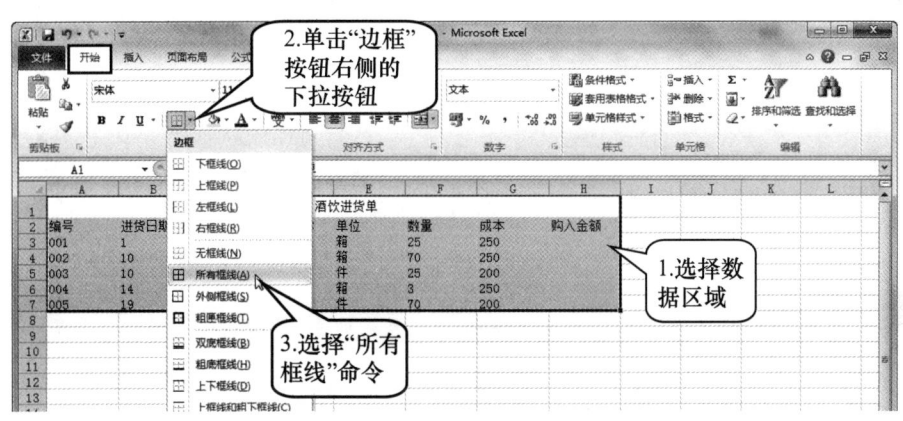

图 4-35　设置边框

(5) 设置底纹。操作方法如图 4-36 所示。

(6) 设置数据的显示格式。操作方法如图 4-37 所示。

(7) 设置数据的对齐方式。操作方法如图 4-38 所示。

打开建立的"手机销售.xlsx"工作簿，将标题"2016 年手机销售额"合并居中，并设置行高 20，列宽 12。标题设置为黑体，加粗，字号为 20，蓝色；其余字体为隶书，字号为 14。设置表格第 1 列的底纹颜色为"浅青绿色"并给表格加边框，要求"外边框"为"粗实线"，"内边框"为"细实线"。美化效果如图 4-39 所示。

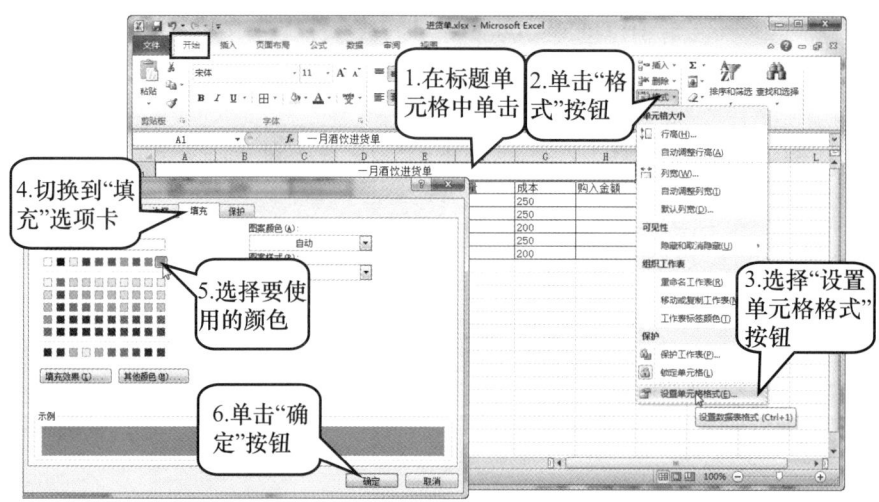

图 4-36 设置底纹

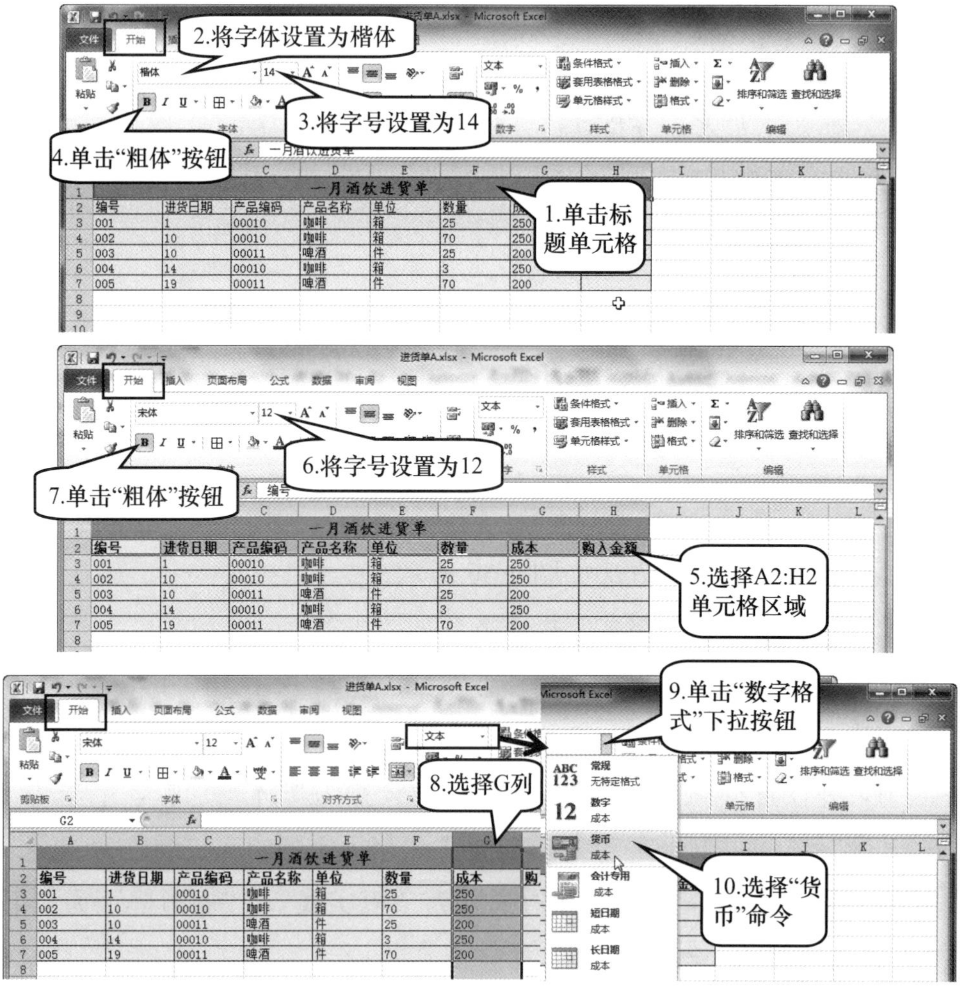

图 4-37 设置数据的显示格式

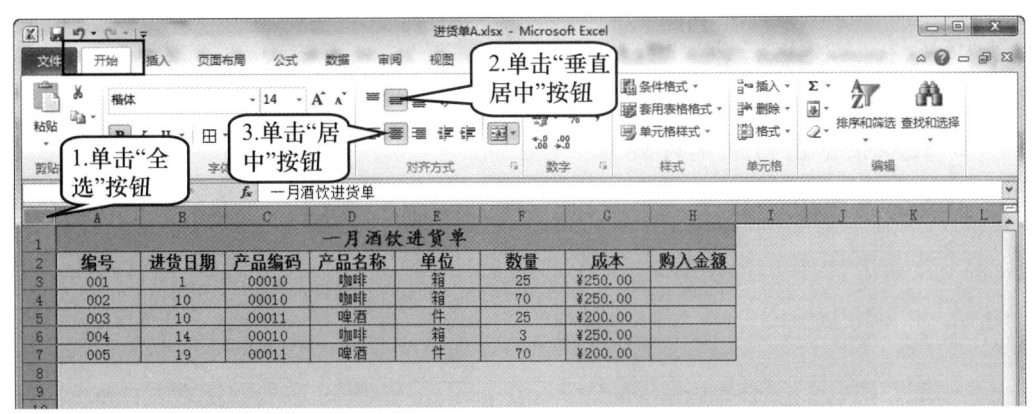

编号	进货日期	产品编码	产品名称	单位	数量	成本	购入金额
001	1	00010	咖啡	箱	25	¥250.00	
002	10	00010	咖啡	箱	70	¥250.00	
003	10	00011	啤酒	件	25	¥200.00	
004	14	00010	咖啡	箱	3	¥250.00	
005	19	00011	啤酒	件	70	¥200.00	

图 4-38 设置数据的对齐方式

品牌	第一季度	第二季度	第三季度	第四季度
华为	14290	6970	11670	23650
中兴	11880	6840	9790	19890
联想	10245	5835	8856	7535
金立	12700	6290	11000	9600

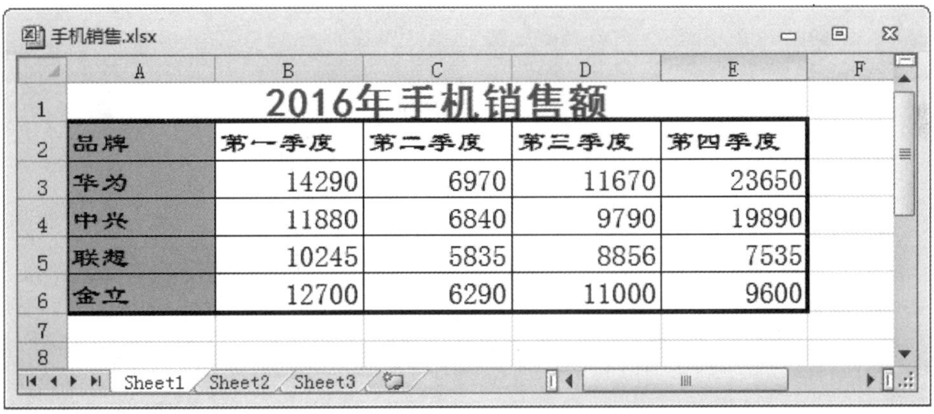

图 4-39 样表

4.3 数据处理

Excel 是一个功能强大的电子表格工具，不但可以进行基本的公式计算和函数计算，还提供了排序、筛选和分类汇总功能，可以很轻松地帮助用户将数据排序、分类汇总，或者筛选出符合一定条件的数据。

通过本节的学习，您将掌握以下内容：

◆公式的应用。

◆函数的应用。

◆排序和筛选数据。

◆将数据进行分类汇总。

4.3.1 公式运算

1. 在表格中进行简单计算

对于一些简单的运算,如求和、计算平均值、计数、统计最大值和最小值等,可以不在单元格中输入公式,而直接利用"开始"选项卡中的工具得出,如图 4-40 所示。

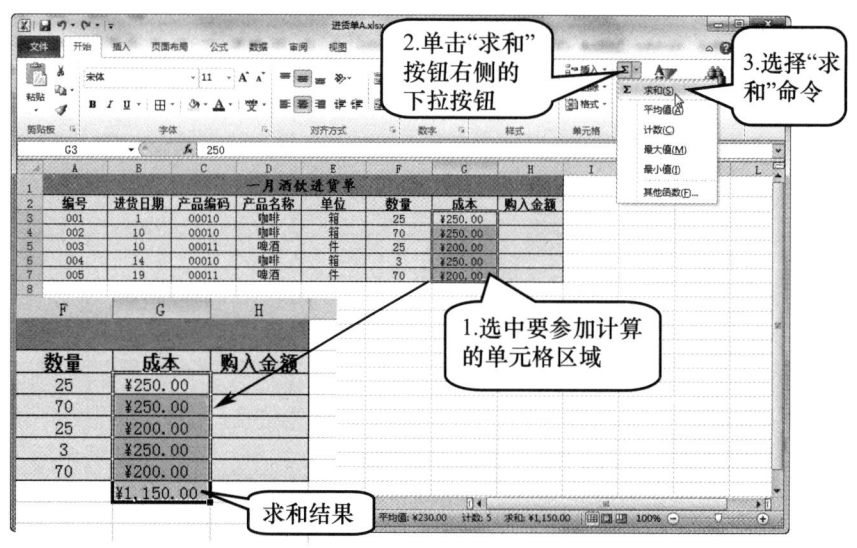

图 4-40 在 Excel 中进行简单计算

2. 公式

公式是对工作表中的数值进行计算的等式。公式要以等号(=)开始。例如,在公式"=5+2×3"中,结果等于 2 乘 3 再加 5。公式也可以包括下列所有内容或其中之一:函数、引用、运算符和常量。公式计算功能在 Excel 中是应用最广泛的,适合对大量的数据进行计算分析。

要进行公式计算,首先厘清要计算的源数据所在的单元格地址及运算方式;然后,选择要建立公式的单元格,输入"=",再输入源数据单元格的地址名称和运算符号,按下 Enter 键即可得出计算结果。

(1) 创建简单公式。创建一个简单的公式是比较容易的,例如,表示 128 加上 345 的公式"=128+345"和表示 5 的平方的公式"=5^2"就是包括运算符和常量的两个简单公式。创建诸如此类的简单公式的方法如图 4-41 所示。

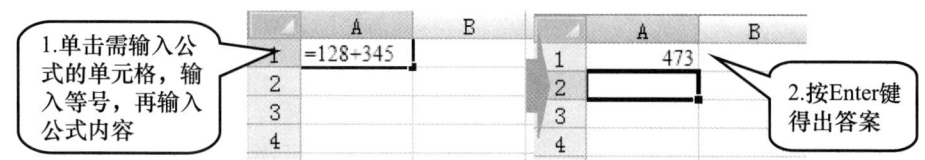

图 4-41　简单的公式计算

如果要在一个单元格区域内的所有单元格中输入同一公式,可选定该区域,再输入公式,然后按下 Ctrl+Enter 组合键。

不同的运算符号具有不同的优先级别。如果要更改求值的顺序,可以将公式中要先计算的部分用括号括起来。例如,公式"=10+5×8"的结果是"50",因为 Excel 先进行乘法运算再进行加法运算。先将"5"与"8"相乘,然后再加上"10",即得到结果。如果使用括号改变语法"=(10+5)×8",则 Excel 先用"10"加上"5",再用结果乘以"8",得到结果"120"。

(2) 创建包含引用的公式。包含引用的公式是指,在公式中包含对其他单元格的相对引用,以及这些单元格的名称,如"=C2"表示使用单元格 C2 中的值;"=Sheet2!B2"表示使用 Sheet2 上单元格 B2 中的值;"=资产－债务"表示名为"资产"的单元格减去名为"债务"的单元格,等等。包含公式的单元格称为从属单元格,因为其结果值将依赖于其他单元格的值。例如,如果单元格 B2 包含公式=C2,则单元格 B2 就是从属单元格。

要创建一个包含引用的公式,单击需输入公式的单元格后,在"编辑栏"中输入"="(等号),再选择一个单元格、单元格区域、另一个工作表或工作簿中的位置,然后拖动所选单元格的边框来移动单元格,或拖动边框上的角来扩展所选单元格区域以创建引用,如图 4-42 所示。公式输入完成后,按下 Enter 键结束。

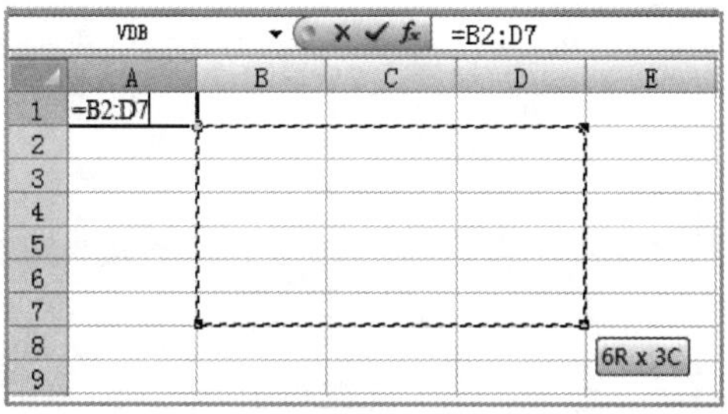

图 4-42　扩展所选单元格区域以创建引用

打开"素材\表格素材\进货单.xlsx"工作簿，计算商品的购入金额，如图4-43所示。

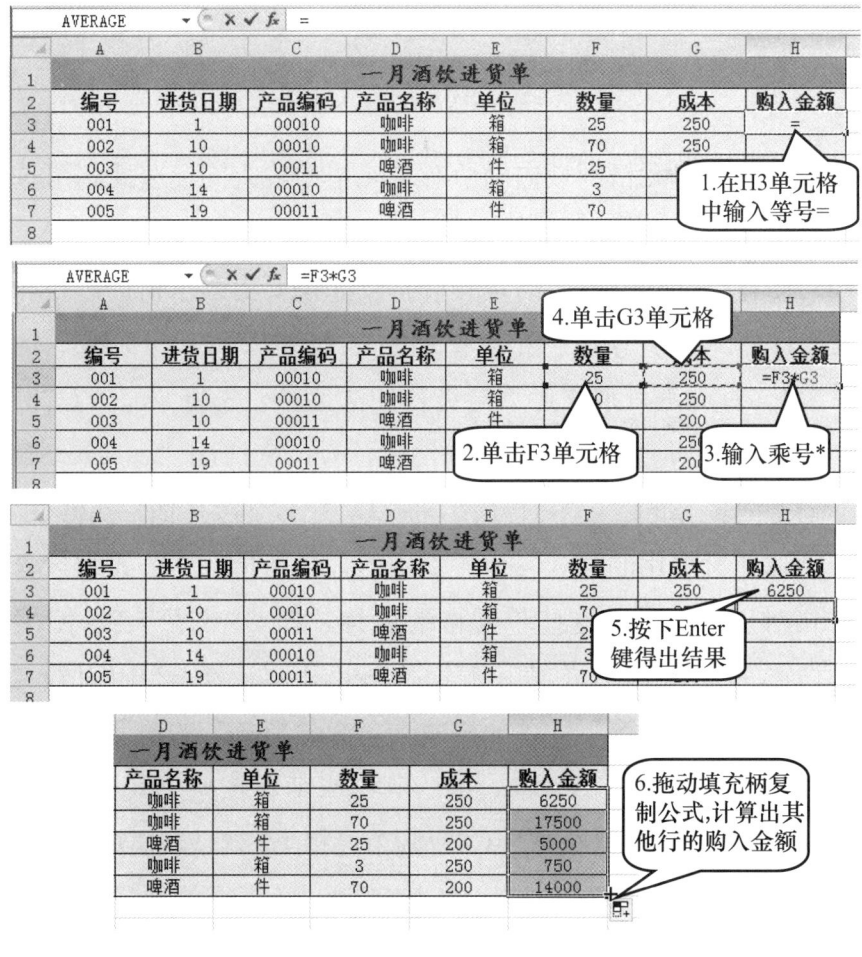

图4-43 用公式进行乘法运算

制作一个"174班段考成绩表.xlsx"工作簿，如图4-44所示，计算每位同学的总分、平均分和每一科目最高分、最低分和平均分。

打开“174 班段考成绩表”工作簿，如图 4-45 所示，计算每位同学的总分、平均分及平均分的各分数段和所占百分比。

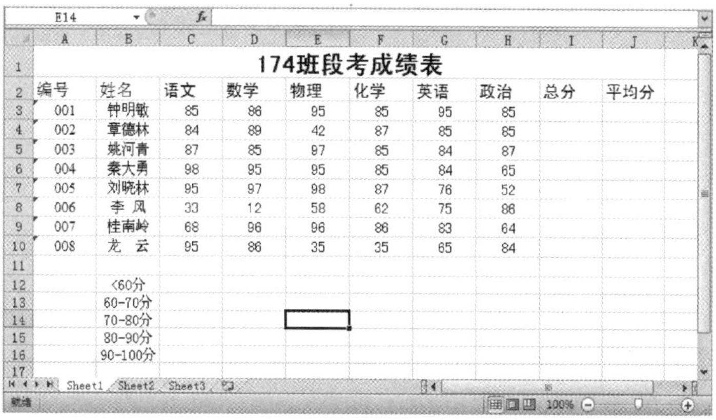

	A	B	C	D	E	F	G	H	I	J
1	174班段考成绩表									
2	编号	姓名	语文	数学	物理	化学	英语	政治	总分	平均分
3	001	钟明敏	85	86	95	85	95	85		
4	002	章德林	84	89	42	87	85	85		
5	003	姚河青	87	85	97	85	84	87		
6	004	秦大勇	98	95	95	85	84	65		
7	005	刘晓林	95	97	98	87	76	52		
8	006	李 风	33	12	58	62	75	88		
9	007	桂南岭	68	96	96	86	83	64		
10	008	龙 云	95	86	35	35	65	84		
11										
12		<60分								
13		60-70分								
14		70-80分								
15		80-90分								
16		90-100分								

图 4-45 用公式进行数学运算

4.3.2 使用函数

Excel 中的函数其实是一些预定义的公式，它们使用特定的参数，按照特定的顺序或结构进行计算。函数由三部分组成，即函数名称、括号和参数。函数的结构为：以等号“＝”开始，后面紧跟函数名称和左括号，然后以逗号分隔输入参数，最后是右括号。其语法结构为：函数名称（参数 1，参数 2，……，参数 *N*）。

1. 直接输入函数

要直接在工作表单元格中输入函数的名称及语法结构，用户必须熟悉所使用的函数，并且了解此函数包括多少个参数及参数的类型。输入函数的方法与输入公式相似，即在要输入函数公式的单元格中先输入“＝”号，然后按照函数的语法直接输入函数名称及各参数，完成输入后，按下 Enter 键，或单击“编辑栏”中的“输入”按钮即可得出结果。

由于 Excel 中的函数数量巨大，不便记忆，而且很多函数的名称仅仅只相差一两个字符，因此在输入函数时为了防止出错，可利用 Excel 提供的函数跟随功能来进行输入。当在单元格或编辑栏中输入公式前的“＝”以及函数名称前面的部分字符时，Excel 2010 会自动弹出包含这些字符的函数列表及提示信息，选择所需的函数即可，如图 4-46 所示。

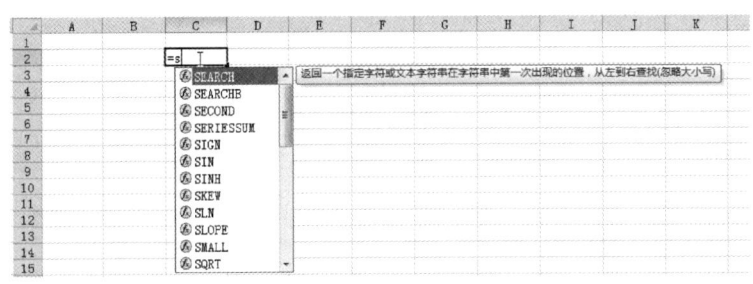

图 4-46　自动跟随的函数列表及提示信息

2. 通过函数库插入函数

如果对函数的类型和名称完全不在行，可以使用“公式”选项卡“函数库”组中的工具来插入函数。当用户用鼠标指针指向某个函数时，Excel 2010 会自动弹出屏幕提示，显示有关该函数的提示信息。

单击“插入函数”按钮，弹出“插入函数”对话框，可以通过选择函数和编辑参数来编辑当前单元格中的公式。

在“素材 \ 表格素材 \ 进货单 . xlsx”工作簿中用函数计算购入金额的总和，如图 4-47 所示。

一月酒饮进货单									
编号	进货日期	产品编码	产品名称	单位	数量	成本	购入金额		
001	1	00010	咖啡	箱	25	250	6250		
002	10	00010	咖啡	箱	70	250	17500		
003	10	00011	啤酒	件	25	200	5000		
004	14	00010	咖啡	箱	3	250	750		
005	19	00011	啤酒	件	70	200	14000	总计	43500

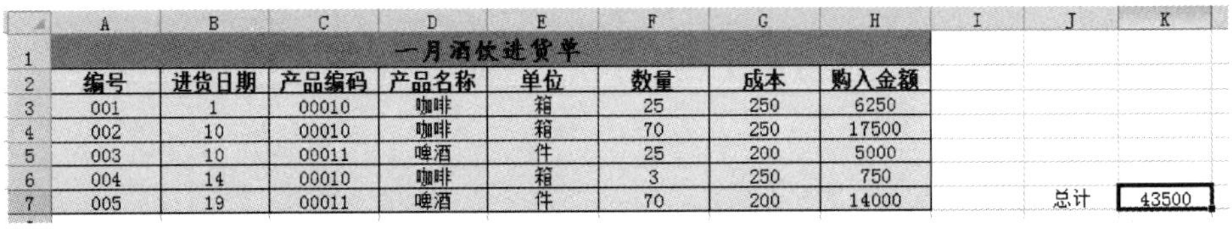

图 4-47　表格示例

操作方法如图 4-48 所示。

4. 3. 3　排序、筛选和分类汇总

1. 数据的排序

数据排序是指按照一定的顺序重新排列数据清单中的数据，通过排序，可以根据某特定列的内容来重新排列数据清单中的行。排序并不改变行的内容。当两行中有完全相同的数据或内容时，Excel 会保持它们的原始顺序。

对工作表中的数据进行排序时，Excel 会遵循以下排序原则。

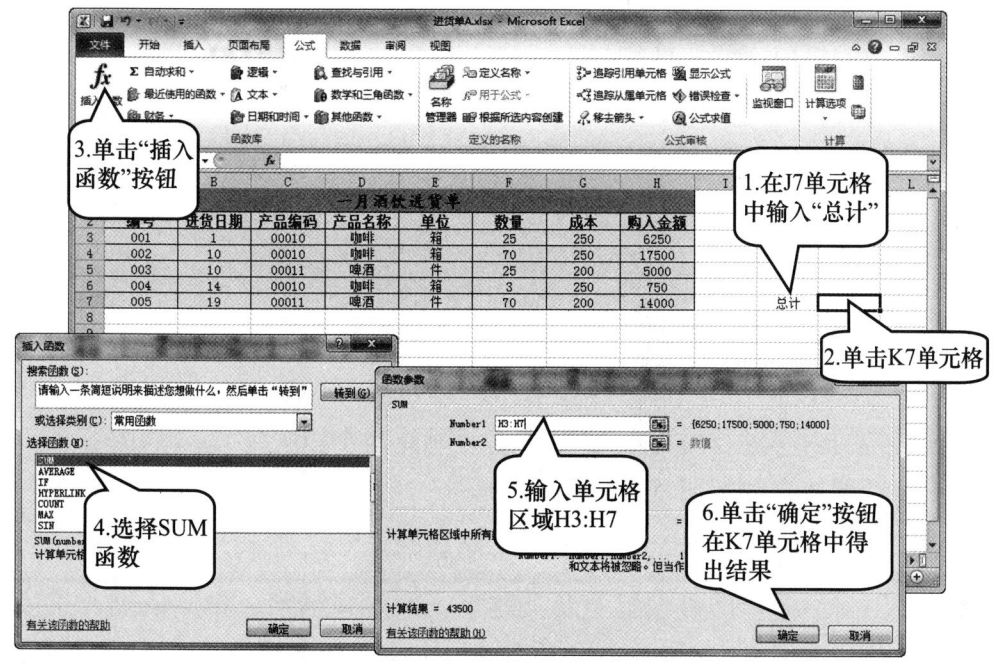

图 4-48 函数计算

（1）如果按某一列进行排序，则在该列上完全相同的行将保持它们的原始次序。

（2）被隐藏起来的行不会被排序，除非它们是分级显示的一部分。

（3）按多列进行排序时，主要列中如果有完全相同的记录行，会根据指定的第二列进行排序；如果第二列中有完全相同的记录行时，则会根据指定的第三列进行排序。

（4）在排序列中有空白单元格的行会被放置在排序的数据清单的最后。

（5）排序选项中如果包含选择的列、顺序和方向等，则在最后列次排序后会被保存下来，直到修改它们或修改选择区域或列标记为止。

在对数据清单中的数据进行排序时，Excel 也有其自己默认的排列顺序。其默认的排序是使用特定的排列顺序，根据单元格中的数值而不是格式来排列数据。

在按升序排序时，Excel 将使用以下顺序。

（1）数字从最小的负数到最大的正数排序。

（2）文本以及包含数字的文本，按下列顺序排序：先是数字 0 到 9，然后是字符"-（空格）!"＃＄％＆（）＊，． ／：；？＠""＼""＾＿｀｛｜｝～

+＜＝＞",最后是字母 A 到 Z。

(3) 在逻辑值中,FALSE 排在 TRUE 之前。

(4) 所有错误值的优先级等效。

(5) 空格排在最后。

在按降序排序时,除了空格总是在最后外,其他的排序顺序反转。

利用"数据"选项卡中的"升序"和"降序"按钮可以快速为数据进行排序。

利用"升序"和"降序"按钮进行数据排序方便快捷,但缺点是只能按某一字段名的内容进行排序。如果要按两个或两个以上字段名的内容进行排序时,则应在"排序"对话框中进行。

切换到"数据"选项卡,单击"排序和筛选"组中的"排序"按钮,弹出"排序"对话框,即可设置主要关键字、次要关键字、排序依据、排序次序等。可指定多个排序条件。全部设置完毕,单击"确定"按钮,Excel 2010 即会按照指定的方式来进行排序。

打开"素材\表格素材\库存.xlsx"工作簿,按"数量"和"单价"进行排序,如图 4-49 所示。

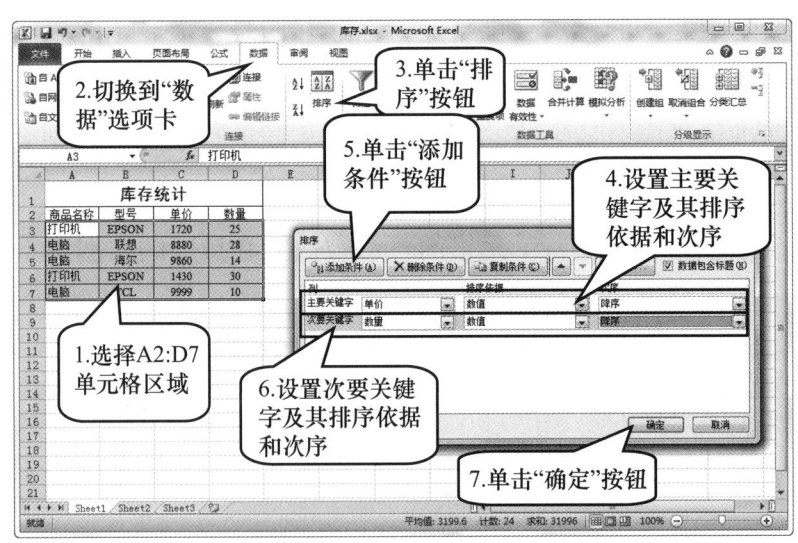

图 4-49 多列排序

2. 数据的筛选

筛选是指在工作表中只显示满足给定条件的数据,而不显示不满足条件的数据。因此，筛选是一种用于查找表格中满足给定条件的快速方法。它与排序不同，它并不重排表格，而只是将不必显示的行暂时隐藏。筛选数据之后，对于筛选过的数据的子集，不需要重新排列或移动就可以复制、查找、编辑、设置格式、制作图表和打印。

可以按多个列进行筛选。筛选器是累加的，这意味着每个追加的筛选器都基于当前筛选器，从而进一步减少了数据的子集。

使用自动筛选可以创建三种筛选类型：按列表值、按颜色或按条件。对于每个单元格区域或列表来说，这三种筛选类型是互斥的。例如，不能既按单元格颜色又按数字列表进行筛选，只能在两者中任选其一；不能既按图标又按自定义筛选进行筛选，只能在两者中任选其一。

（1）按列表值筛选。

按列表值筛选是指按表格中的特定数据值来进行筛选的方法。在数据清单中单击，然后切换到"数据"选项卡，单击"排序和筛选"组中的"筛选"按钮，在每个字段的右边都将出现一个下拉按钮▼。单击要进行筛选的字段名右侧的下拉按钮，可弹出一个下拉菜单，其中除了筛选命令外，还有一个列表框，其中列出了该字段中的数据项。数据项列表框中最多可以列出 10000 条数据，单击并拖动右下角的尺寸控制柄可以放大自动筛选菜单。在列表框中选择符合条件的项，即可在数据清单中只显示符合条件的记录。如果列表很大，可先清除顶部的"（全选）"复选框，然后选择要作为筛选依据的特定数据值。

（2）按颜色筛选。

有时，为了突出某一类型的数据，用户可能会给某些单元格或者其中的数据设置颜色。在 Excel 2010 中，当需要将设置了相同颜色的单元格或者数据筛选出来的时候，只需单击要进行筛选的字段名右侧的下拉按钮，从弹出的菜单中选择"按颜色筛选"子菜单中的所需颜色，即可得出相应的筛选结果。

（3）按指定条件筛选。

按列表值或按颜色筛选数据时虽然方便快捷，但是只能用于简单的筛选，而在实际操作中，常常涉及更复杂的筛选条件，利用这些筛选功能已无法完成，这时就需要指定筛选条件进行更高级的筛选。

不同类型的数据可设置的条件也不一样，对于文本数据，可指定"等于""不等于""开头是""结尾是""包含""不包含"等条件；对于数字数据，可指定"等于""不等于""大于""大于或等于""小于""小于或等于""介于""10个最大的值""高于平均值""低于平均值"等条件；对于时间和日期数据，则可以指定"等于""之前""之后""介于""明天""今天""昨天""下周""本周""上周""下月""本月""上月""下季度""本季度""上季度""明年""今年""去年""本年度截止到现在"以及某一段时间期间所有日期等条件。此外，每种类型的数据都可以自定义筛选条件。

根据所选的数据类型，在筛选菜单中选择"数字筛选""文本筛选"或者"日期筛选"子菜单中的所需条件命令，可打开相应的对话框，指定所需的条件，然后单击"确定"按钮，即可按指定条件筛选出所需数据。

① 简单筛选。打开"素材\表格素材\进货单.xlsx"工作簿，筛选啤酒的进货记录，如图4-50所示。

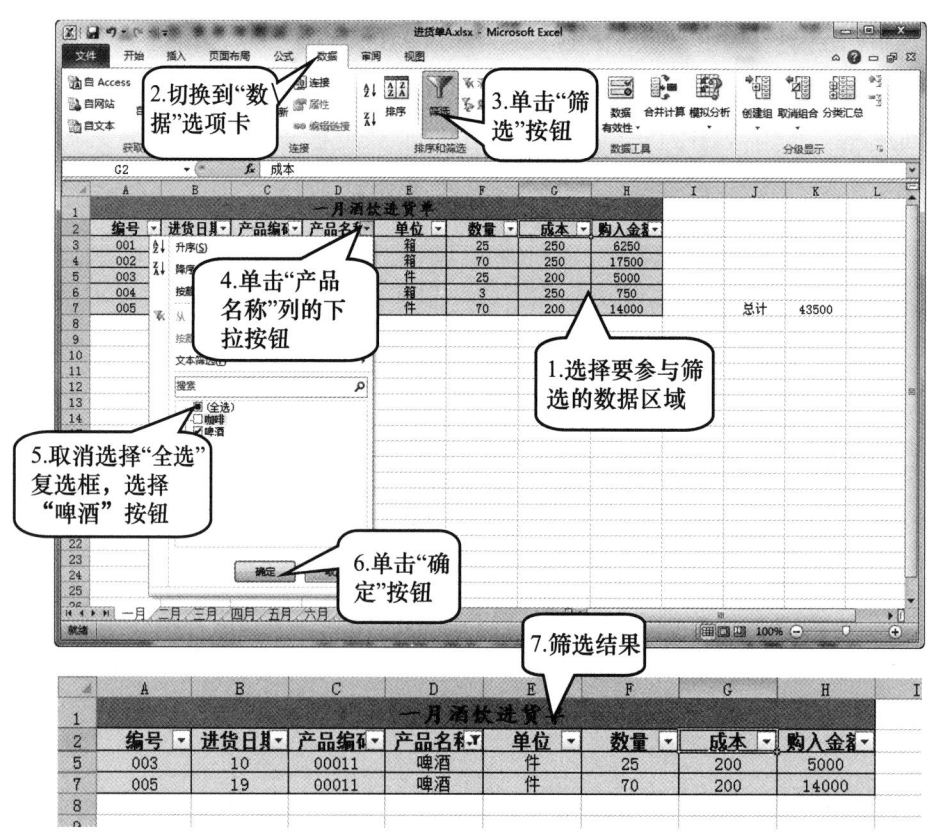

图4-50 按列表值进行简单筛选

② 条件筛选。打开"素材\表格素材\工资表.xlsx"工作簿，筛选实领工资在 2500～2600 元之间的人员记录，如图 4-51 所示。

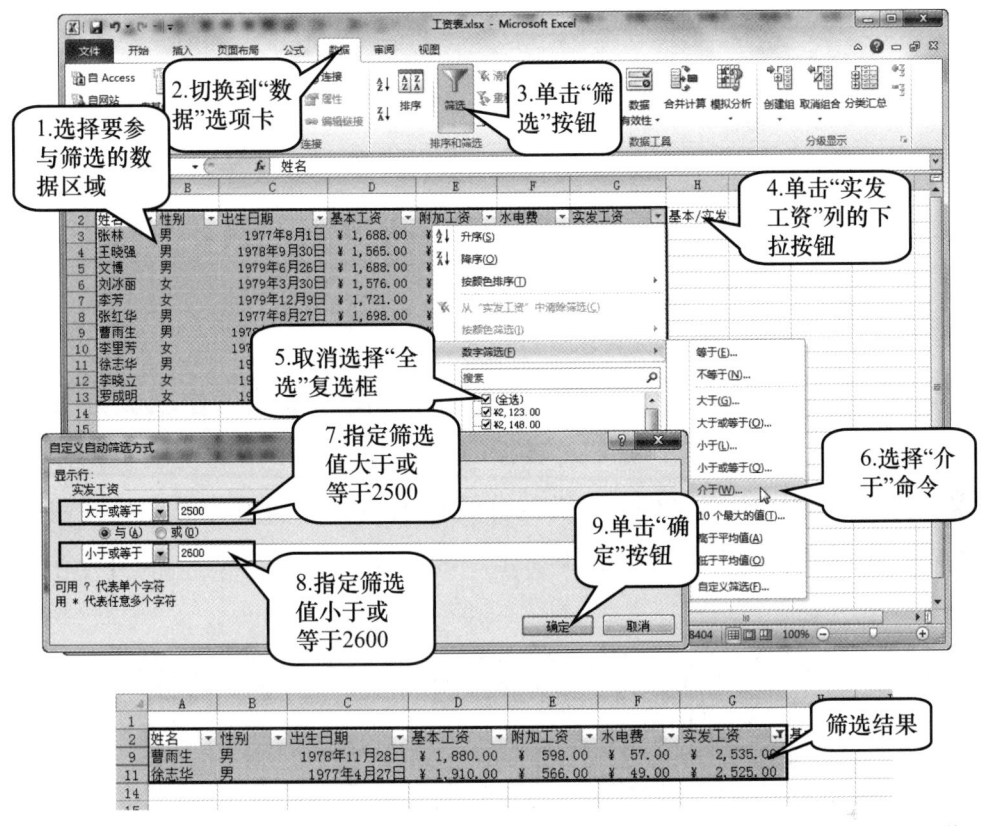

图 4-51　按指定条件进行筛选

制作一个"会计 11-4 班期中考试成绩表.xlsx"工作簿，如图 4-52 所示，完成如下操作。

（1）筛选出姓名为"刘大林"的记录。

（2）筛选出收银实务成绩小于 80 分大于 70 分的记录。

（3）筛选出总分大于 450 且语文成绩大于 80 分或总分大于 450 分且珠算成绩大于 85 分的记录。

3. 数据的分类汇总

分类汇总是对工作表中数据进行分析的一种常用方法，对某个关键字段进行分类，相同值的分为一类，然后对各类进行汇总。在进行自动分类汇总之前，必须对数据清单进行排序，且数据清单的第一行里必须有列标记。利用自动分类汇总功能可对一项或多项指标进行汇总。

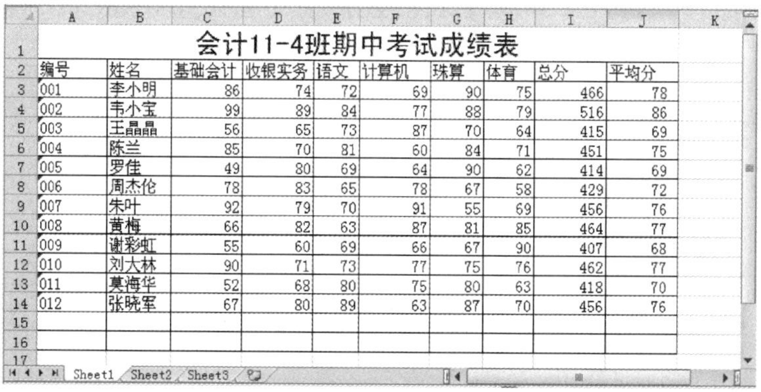

	A	B	C	D	E	F	G	H	I	J
1	会计11-4班期中考试成绩表									
2	编号	姓名	基础会计	收银实务	语文	计算机	珠算	体育	总分	平均分
3	001	李小明	86	74	72	69	90	75	466	78
4	002	韦小宝	99	89	84	77	88	79	516	86
5	003	王晶晶	56	65	73	87	70	64	415	69
6	004	陈兰	85	70	81	60	84	71	451	75
7	005	罗佳	49	80	69	64	90	62	414	69
8	006	周杰伦	78	83	65	78	67	58	429	72
9	007	朱叶	92	79	70	91	55	69	456	76
10	008	黄梅	66	82	63	87	81	85	464	77
11	009	谢彩虹	55	60	69	66	67	90	407	68
12	010	刘大林	90	71	73	77	75	76	462	77
13	011	莫海华	52	68	80	75	80	63	418	70
14	012	张晓军	67	80	89	63	87	70	456	76

图 4-52　样表

对工作表中的数据进行分类汇总后，将会使原来的工作表显得有些庞大，此时用户如果要单独查看汇总数据或查看数据清单中的明细数据，最简单的方法就是利用 Excel 2010 提供的分级显示功能。利用分类汇总区域中的分级显示符号可对工作表进行分级显示，如图 4-53 所示。

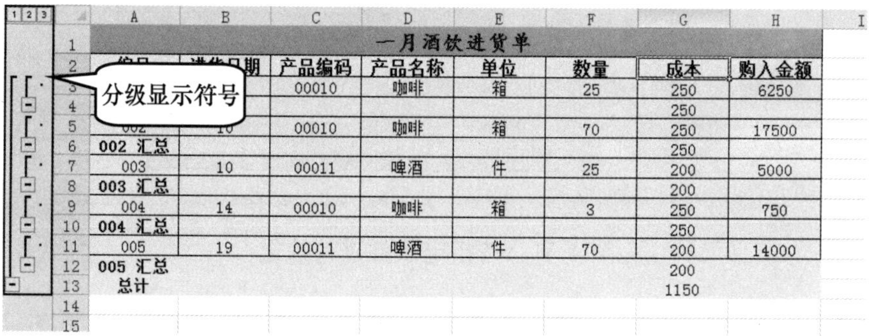

	A	B	C	D	E	F	G	H
1	一月酒饮进货单							
2			产品编码	产品名称	单位	数量	成本	购入金额
3			00010	咖啡	箱	25	250	6250
4							250	
5			00010	咖啡	箱	70	250	17500
6	002 汇总						250	
7	003	10	00011	啤酒	件	25	200	5000
8	003 汇总						200	
9	004	14	00010	咖啡	箱	3	250	750
10	004 汇总						250	
11	005	19	00011	啤酒	件	70	200	14000
12	005 汇总						200	
13	总计						1150	

图 4-53　分类汇总的数据区域

汇总窗口中出现的符号在 Excel 中称为分级显示符号，各自功能如下。

（1）明细数据级别符号 1 2 3：表示明细数据级别，一级数据为最高级，二级数据是一级数据的明细数据，又是三级数据的汇总数据。单击 1 图标可以直接显示一级汇总数据，单击 2 图标可以显示一级和二级数据，单击 3 图标可以显示一级、二级、三级即全部数据。

（2）隐藏明细数据符号 - 和显示明细数据符号 +：单击 - 符号可隐藏该级及以下各级的明细数据，单击 + 符号则可以展开该级明细数据。

如果不想利用分级显示功能对工作表的明细数据进行隐藏，还可以将分级显示功能取消。

在"分类汇总"对话框中单击"全部删除"按钮，可以删除已创建的分类汇总。

打开"表格\表格素材\考试报名表.xlsx"工作簿，对报考专业进行分类汇总，统计申请专业的报考人数，如图4-54所示。

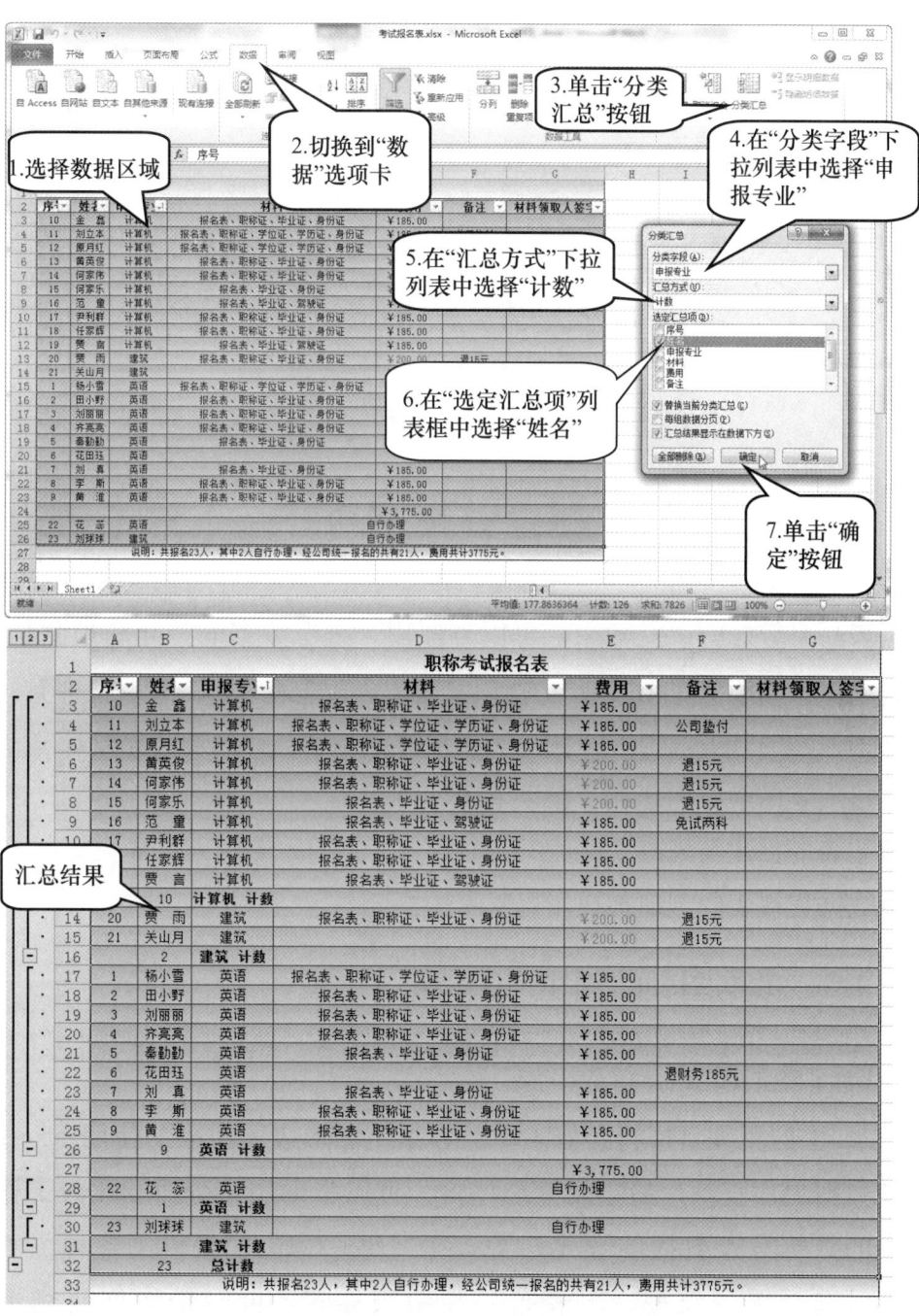

图4-54 分类汇总考试报名表

打开“素材\表格素材\学生成绩表 . xlsx”工作簿，如图 4-55 所示。完成以下操作：

进行分类汇总，显示总计结果和男女分类计数结果。

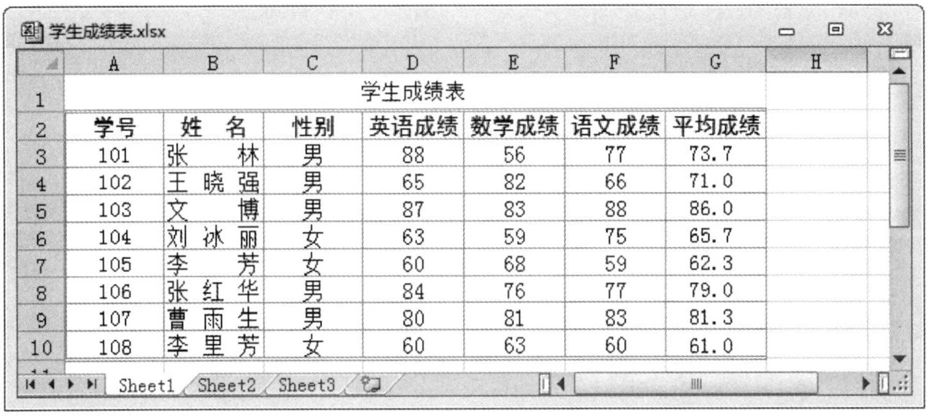

	A	B	C	D	E	F	G
1	学生成绩表						
2	学号	姓　名	性别	英语成绩	数学成绩	语文成绩	平均成绩
3	101	张　林	男	88	56	77	73.7
4	102	王晓强	男	65	82	66	71.0
5	103	文　博	男	87	83	88	86.0
6	104	刘冰丽	女	63	59	75	65.7
7	105	李　芳	女	60	68	59	62.3
8	106	张红华	男	84	76	77	79.0
9	107	曹雨生	男	80	81	83	81.3
10	108	李里芳	女	60	63	60	61.0

图 4-55　样表

4.4　数据分析

图表具有较好的视觉效果，可以方便用户查看数据的差异和预测趋势。例如，通过使用图表，不必分析工作表中的多个数据列，就可以立即看到各个季度销售额的升降，很方便地对实际销售额与销售计划进行比较。

通过本节的学习，您将掌握以下内容：

◆图表的创建与修改。

◆数据透视表的创建与应用。

4.4.1　数据图表的创建与编辑

1. Excel 中的图表

Excel 中的图表是指将工作表中的数据用图形表示出来。使用 Excel 图表能使数据更加直观，易于阅读和评价。可以帮助用户分析和比较工作表中相关的数据以及数据的变化趋势。在 Excel 2010 中提供了各种图表类型，通过选择图表类型、图表布局和图表样式，可轻松地创建完美的图表。

图表建立后，可通过增加图表项，如数据标记、图例、标题、文字、趋势线、误差线等来美化图表和强调某些信息。大多数图表可以移动和调整大小，也可以用图案、颜色、对齐、字体等其他格式属性来设置这些图表项的格式。

在 Excel 2010 中制作图表的方法非常简单。准备好要用于创建图表的工作表数据后，使用"插入"选项卡"图表"组中的工具即可创建各种类型的图表，生成的图表可以单独位于一张工作表中，也可以将其作为对象嵌入到包含数据的工作表内。

2. 图表的修改

在图表的选定状态下，Excel 会自动显示图表工具。Excel 图表工具包括"设计""布局"和"格式"选项卡，可用来对图表进行美化、修改和设置格式。

对图表中的数据、图表对象及整个图表的显示风格等进行修改，如更改图表的类型、更改数据系列产生的方式、添加或删除数据系列，以及向图表中添加文本等。

在更改创建图表的表格中的数据时，与表格相对应的图表能够自动进行调整，但如果更改了数据范围之外的表格元素，如添加新的行或列时，图表将无法进行自动调整，此时需要手工添加或删除图表中的数据系列。

3. 选择图表对象

在对图表或图表中的元素进行编辑时，必须先选择相应的对象。选择整个图表的方法是在图表中的空白处单击。若要选择图表中的元素，则单击该元素即可。选中的图表或图表元素外侧将出现选择框。

若要取消对图表或图表元素的选择，只需在图表或图表元素外任意位置单击即可。

打开"素材 \ 表格素材 \ 工资表 .xlsx"工作簿，将"实发工资"数据列转换为图表，并更改图表样式和标题格式，结果如图 4-56 所示。

（1）创建图表。操作方法如图 4-57 所示。

（2）更改图表样式。操作方法如图 4-58 所示。

（3）设置标题格式。操作方法如图 4-59 所示。

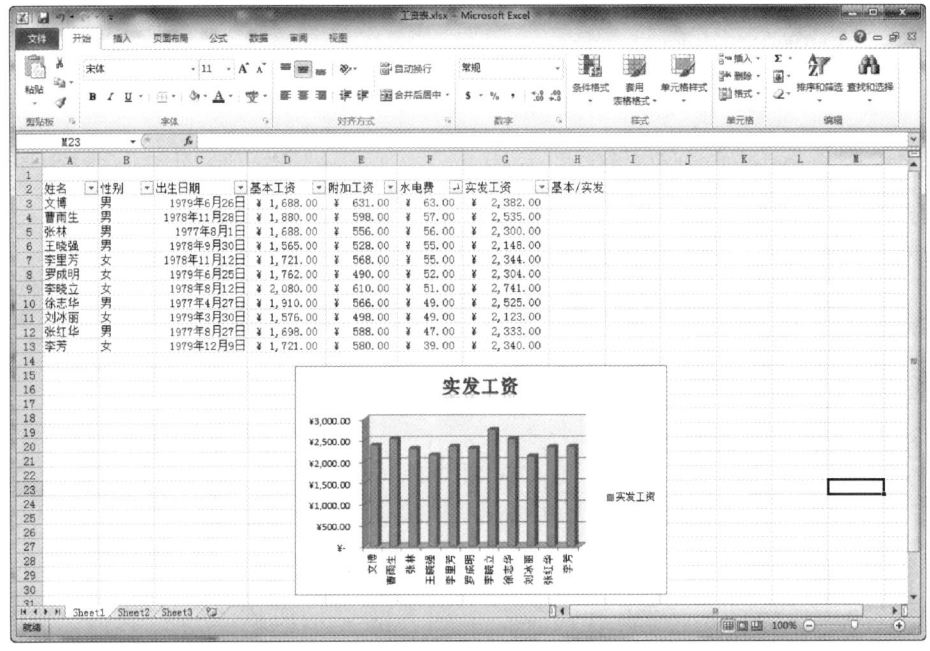

图 4-56　图表示例

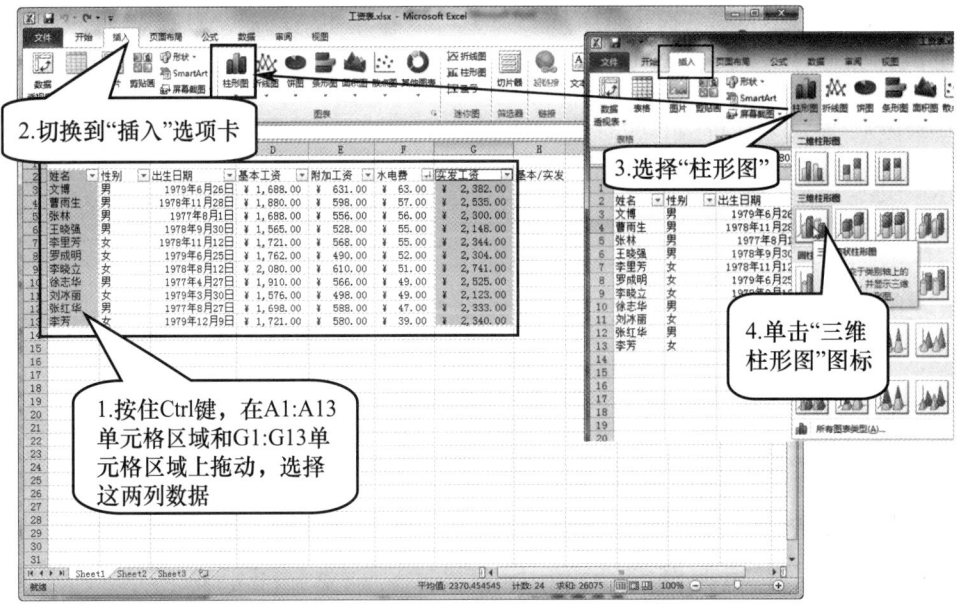

图 4-57　创建图表

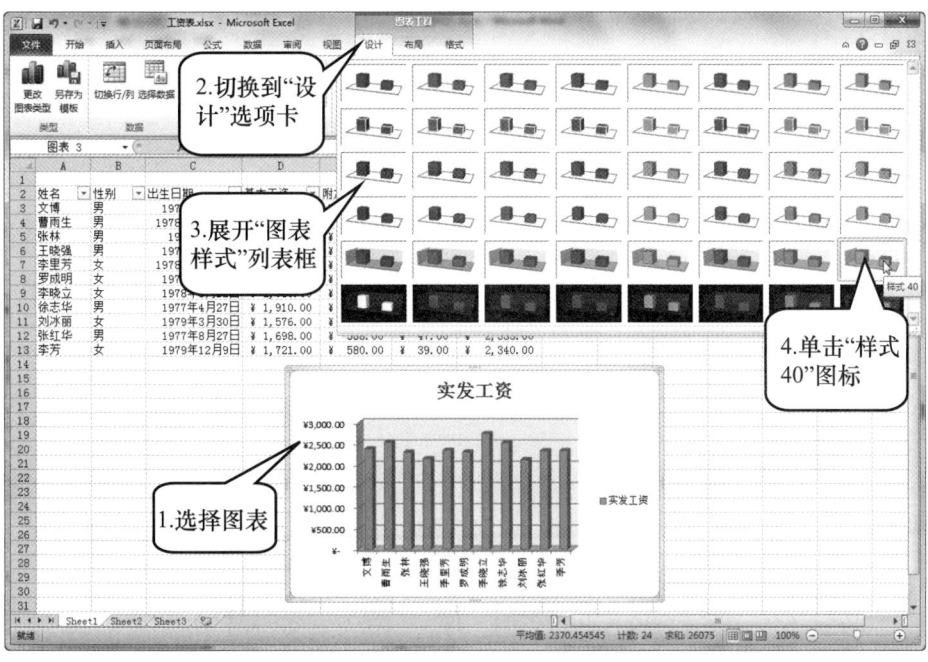

图 4-58　更改图表样式

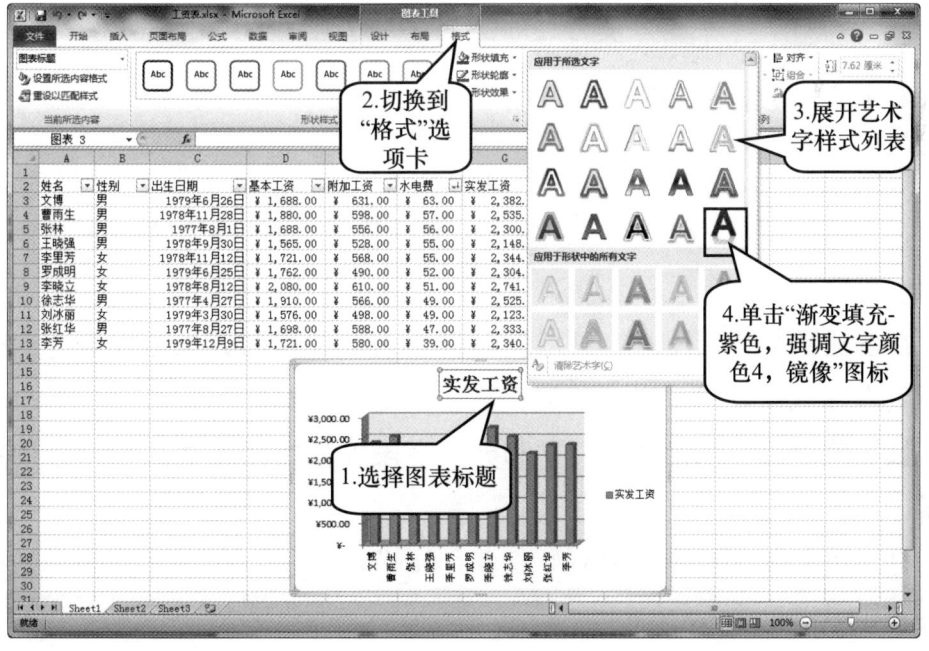

图 4-59　设置标题格式

打开"手机销售.xlsx",创建华为手机销售情况分析表柱形图。要求:
(1) 图表区域、图例为宋体,10号。
(2) 将图表标题"2016年手机销售额"设为黑体16号,加粗,蓝色。
(3) 图表区域背景设为渐变填充。

图表最终效果如图4-60所示。

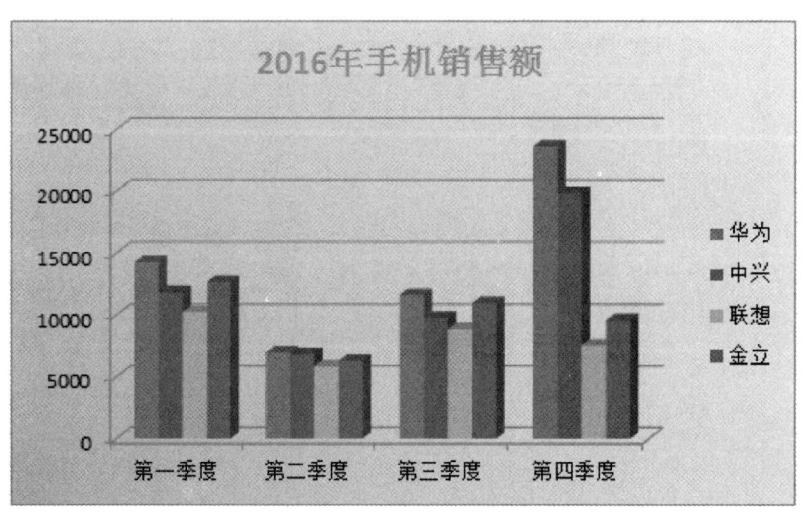

图4-60　图表最终效果

4.4.2　数据透视表的应用

数据透视表是交互式报表,可以快速合并和比较大量数据。通过旋转数据透视表的行和列,可以看到源数据的不同汇总,而且可以显示感兴趣区域的明细数据。

在创建数据透视图时,可以同时创建与之关联的数据透视表。数据透视图具有标准图表的系列、分类、数据标记和坐标轴,此外还包括报表筛选字段、值字段、系列字段、项和分类字段等与数据透视表相对应的特殊元素。

打开"素材\表格素材\工资表.xlsx"工作簿,创建工资表的数据透视表,如图4-61所示。

(1) 创建数据透视表。操作方法如图4-62所示。

(2) 查看数据透视表。操作方法如图4-63所示。

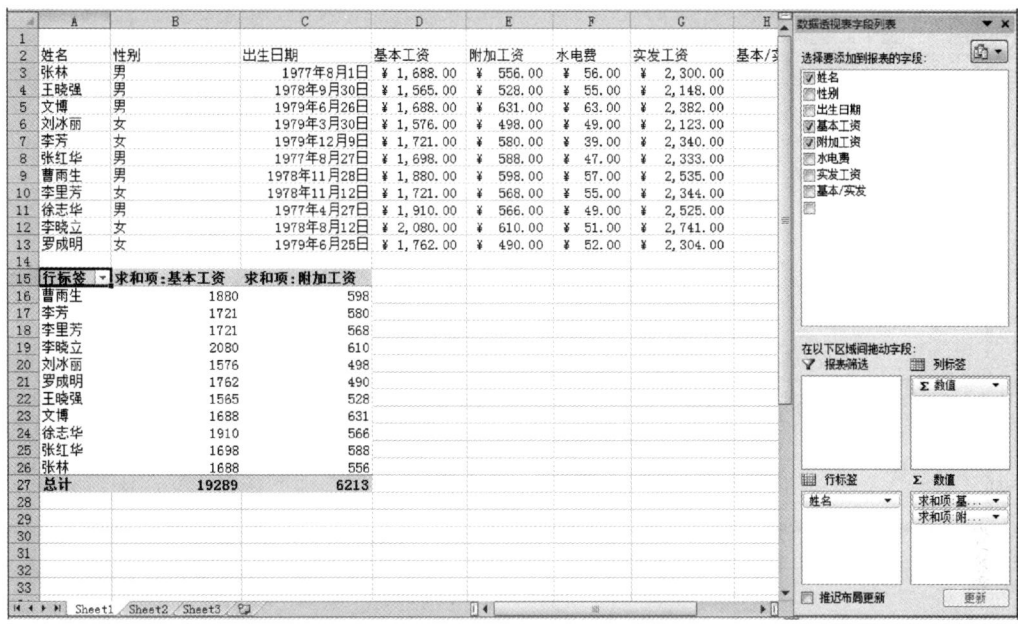

图 4-61 工资表的数据透视表

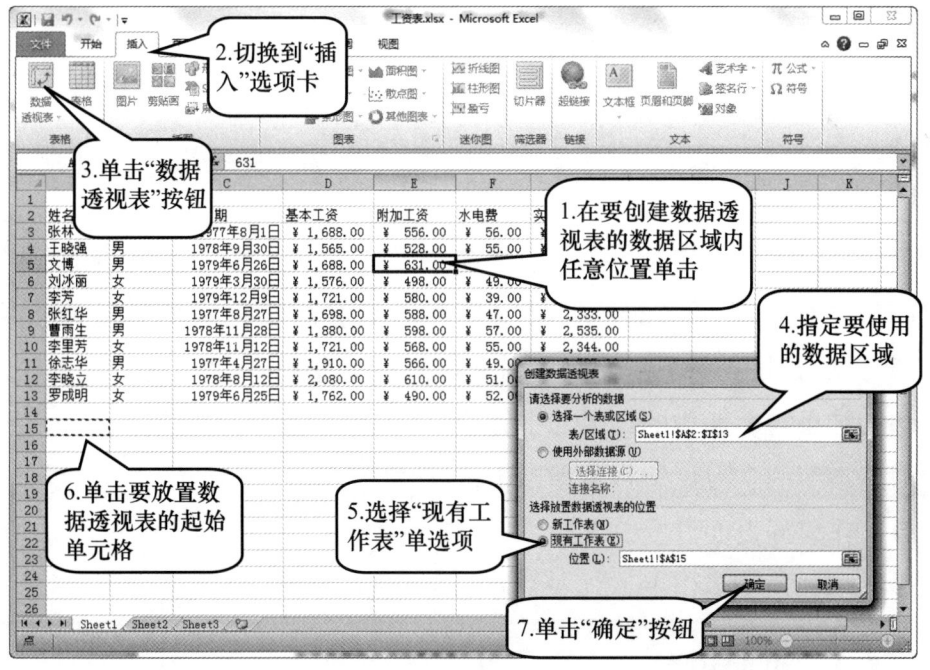

图 4-62 创建数据透视表

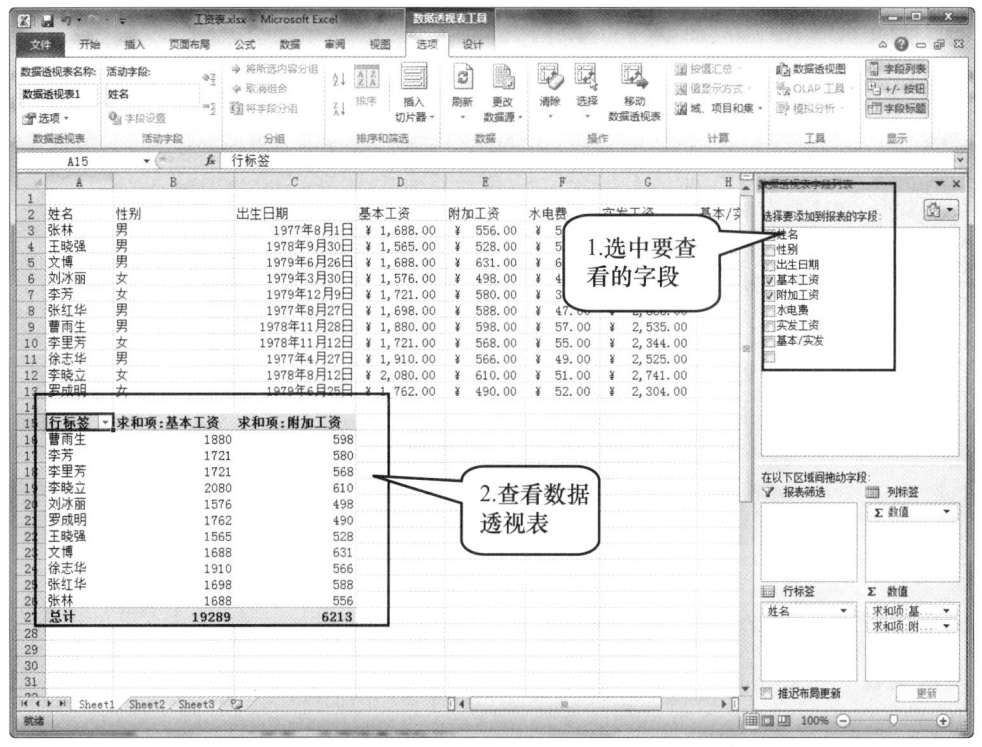

图 4-63　查看数据透视表

4.5　打印输出

当用户设计好工作表后，可能还需要将其打印出来。由于不同行业需要的打印报告样式是不同的，每个用户都可能会有自己的特殊要求。Excel 2010 为了方便用户，提供了许多用来设置或调整打印效果的实用功能，可使打印的结果与所期望的结果几乎完全一样。

通过本节的学习，您将掌握以下内容：

◆工作表的页面设置。

◆打印和预览工作表。

4.5.1　页面设置

在打印工作表之前，用户需要先对要打印的工作表进行必要的设置，如指定打印范围和纸张大小、添加页眉/页脚、设置打印选项等，这些操作都可以在"页面布局"选项卡中完成。

（1）设置页面选项。页面选项主要包括纸张大小、打印方向、缩放和起始页码等，可以使用"页面布局"选项卡"页面设置"组中的工具进行设置。此外，也可以单击"页面设置"组右下角的控件，弹出"页面设置"对话框，在"页面"选项卡中详细设置页面选项，如图4-64所示。

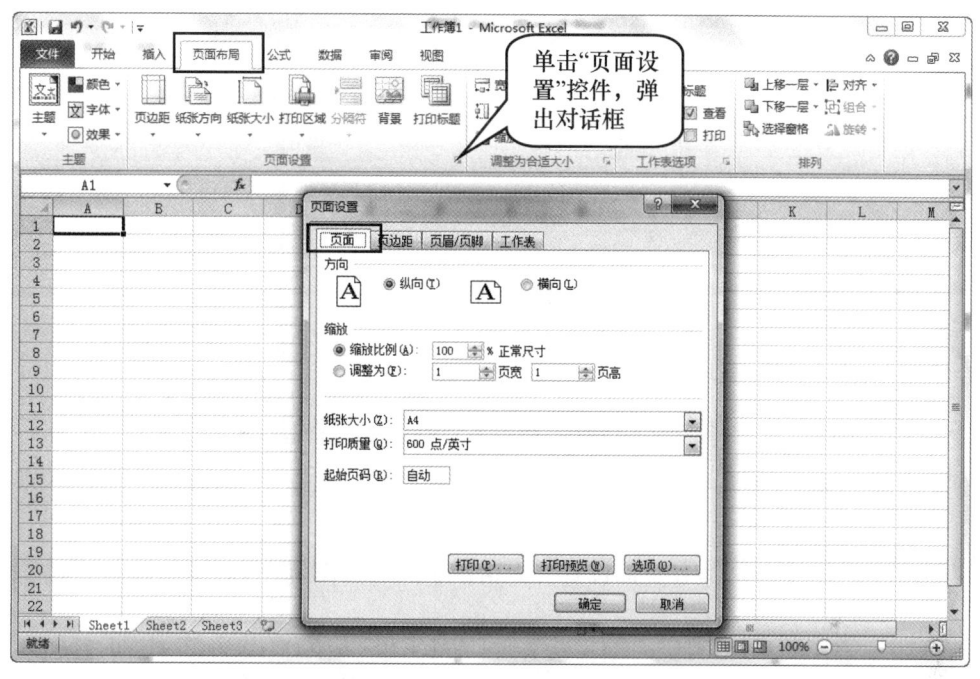

图4-64 "页面设置"对话框中的"页面"选项卡

（2）缩放工作表。通过缩放工作表可以拉伸或收缩打印输出的高度和宽度，以便将打印输出的内容调整为合适大小。使用"页面布局"选项卡"调整为合适大小"组中的工具即可缩放工作表。

（3）设置工作表选项。设置工作表选项是指确定是否在工作表中显示或打印网格线以及行、列标题。使用"页面布局"选项卡"工作表选项"组中的工具可设置工作表选项，此外也可以单击"工作表选项"组右下角的控件弹出"页面设置"对话框的"工作表"选项卡，设置详细的工作表选项，如图4-65所示。

（4）设置对象的排列方式及主题。当在工作表中插入对象（如图片、形状、图表等）后，可用"页面布局"选项"排列"组中的工具设置其排列方式。插入对象（"插入"选项卡中的"插图"组）和设置排列方式的操作与在 Word 中相同，此处不再赘述。

图 4-65　"页面设置"对话框中的"工作表"选项卡

此外，同 Word 2010 一样，Excel 2010 也提供了设置工作簿主题的功能，使用"页面布局"选项卡中的"主题"工具组即可更改工作簿的总体设计，包括颜色、字体和效果。

4.5.2　预览和打印文件

为了不浪费资源，可以在设置好打印格式后先预览一下打印效果，再进行正式打印。预览和打印文件的操作要通过"文件"选项卡中的"打印"命令进入相关页面中进行，如果打印设置不合适，可以通过设置打印选项来进行调整。

预览和打印"素材\表格素材\销量报告.xlsx"工作簿，操作方法如图 4-66 所示。

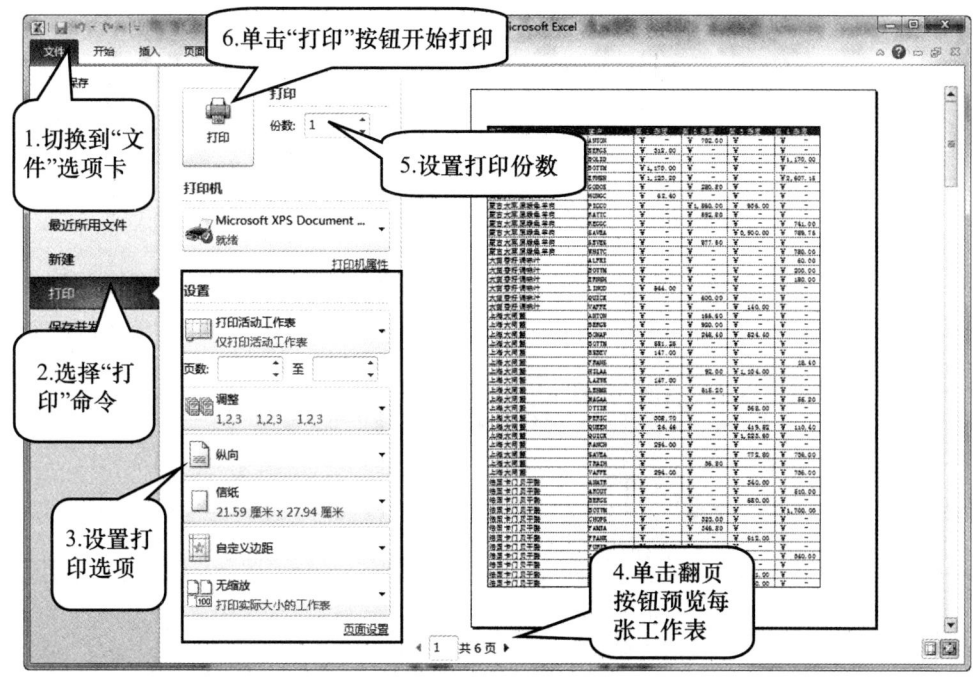

图 4-66　预览和打印工作簿

扫一扫，做练习

5

演示文稿制作软件 PowerPoint 2010 应用

Microsoft Office PowerPoint 2010 是一个专业的演示文稿制作软件,可使用文字、图片和表格等各种信息表达方式,并且可以链接 Excel 工作表、声音和视频等多种多媒体技术,制作的演示文稿可用于会议、企业介绍、产品展示等各种场合。

5.1 演示文稿基本操作

一份完整的电子演示文稿是由具有相关内容的多张幻灯片构成的,为了充分表达出设计者的意图,还可以辅以备注、讲义和大纲等说明性文字。幻灯片是演示文稿的主体,也就是说,演示文稿的创建主要是幻灯片的设计与制作。

通过本节的学习,您将掌握以下内容:

◆演示文件的创建和保存。

◆幻灯片的插入和删除。

◆幻灯片的移动和复制。

5.1.1 新建演示文稿

和其他 Office 文档一样,在 PowerPoint 2010 中创建新演示文稿的方法也有 3 种。

(1) 选择"新建"—"文件"命令，依模板创建一个新演示文稿，如图 5-1 所示。

图 5-1　新建演示文稿

(2) 按下 Ctrl+N 组合键，创建一个空白演示文稿。

(3) 在快速访问工具栏上添加一个"新建"工具按钮，然后单击"新建"按钮，创建一个空白演示文稿。

5.1.2　演示文稿的工作界面

PowerPoint 2010 的程序主窗口中除包括与其他 Office 程序所共有的标题栏、快速访问工具栏、功能区和状态栏外，还包括幻灯片窗格、备注窗格和大纲/幻灯片窗格，如图 5-2 所示。

图 5-2　PowerPoint 2010 工作界面

（1）状态栏。PowerPoint 2010 的状态栏中显示当前演示文稿的幻灯片数量、当前幻灯片的编号、主题名称如图 5-3 所示。用户可以通过状态栏对当前的操作状态有所了解。

图 5-3　PowerPoint 2010 的状态栏

（2）幻灯片窗格。幻灯片窗格在大视图中显示当前幻灯片，是编辑、修改幻灯片的主要场所。在幻灯片窗格中可以为幻灯片添加文本，插入图片、表格、图表、绘图对象、文本框、电影、声音、超链接和动画等各种内容。

在幻灯片窗格中可以用以下方式来查看所需的幻灯片。

① 直接拖动垂直滚动条上的滚动块，系统会提示切换的幻灯片编号和标题。如果已经指到所要的幻灯片时，松开鼠标左键即可切换到该幻灯片中。

② 在垂直滚动条中单击"上一张幻灯片"按钮，可切换到当前幻灯片的前一张幻灯片中；单击"下一张幻灯片"按钮，则切换到当前幻灯片的后一张幻灯片中。

③ 按下 PageUp 键切换到上一张幻灯片；按下 PageDown 键切换到下一张幻灯片；按下 Home 键切换到第一张幻灯片；按下 End 键切换到最后一张幻灯片。

（3）备注窗格。备注是指对幻灯片或幻灯片内容的简单说明，位于工作区域的下方，用于添加与每张幻灯片内容相关的备注，并可以在放映演示文稿时将它们打印为讲义。在备注窗格中只能添加文字而不能添加其他对象。

（4）"大纲/幻灯片"窗格。大纲/幻灯片窗格位于程序主窗口的最左侧，单击"大纲"或"幻灯片"标签可在两个选项卡之间相互切换。当窗格变窄时，"大纲"和"幻灯片"标签变为显示图标。在"大纲"和"幻灯片"选项卡中可以直接插入、删除、移动或复制幻灯片。如果在"大纲"选项卡中单击某幻灯片的内容，或者在"幻灯片"选项卡中单击某幻灯片的缩略图，则可在幻灯片窗格中显示此幻灯片。在普通视图中拖动窗格边框可以调整

"大纲/幻灯片"窗格的大小，与此同时，幻灯片窗格也会做出相应的调整。

① "大纲"选项卡。仅显示当前演示文稿的大纲结构，包括幻灯片的标题和主要的文本信息，适合组织和创建演示文稿的内容。大纲文本由幻灯片标题和正文组成，每张幻灯片的标题都出现在数字编号和图标的旁边，每一级标题都是左对齐，而下一级标题则自动缩进，如图5-4所示。

② "幻灯片"选项卡。显示所有幻灯片的缩略图，使用户可以从整体上浏览幻灯片的外观，如图5-5所示。

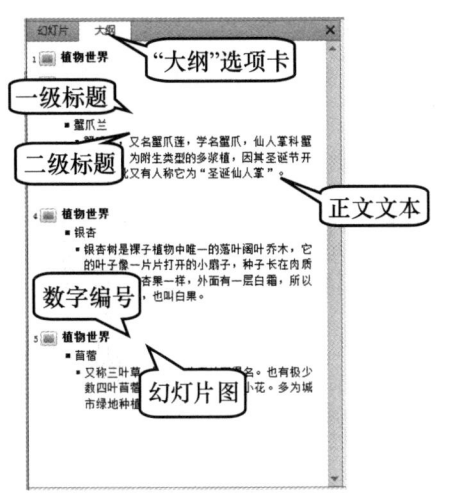
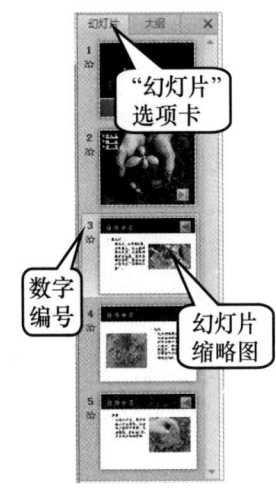

图 5-4　显示"大纲"选项卡　　　图 5-5　显示"幻灯片"选项卡

5.1.3　PowerPoint 2010 的视图方式

PowerPoint 2010 提供了多种视图方式，每种视图中都包含特定的显示方式和加工特色，且在一种视图中对演示文稿的修改和加工会自动反映在该演示文稿的其他视图中。视图之间的切换可通过单击状态栏上的视图切换图标或者使用"视图"选项卡上的相应工具来实现。

1. 普通视图

普通视图是启动 PowerPoint 2010 时默认的视图方式，也是使用最多的视图，主要用于创建和编辑演示文稿。在默认状态下，普通视图中的"大纲/幻灯片"窗格中显示幻灯片选项卡，以便用户能够快速浏览幻灯片的外观，如图5-6所示。

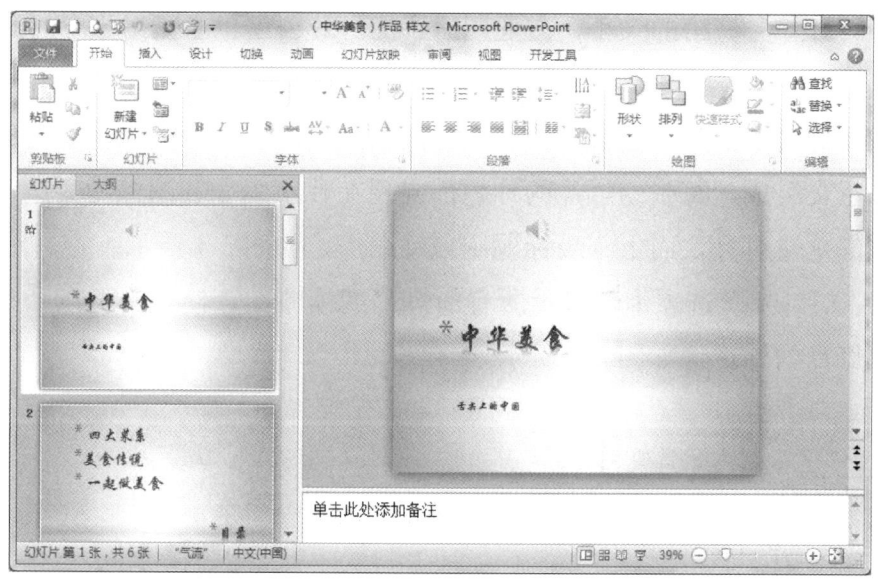

图 5-6　普通视图

2. 幻灯片浏览视图

在幻灯片浏览视图中可以看到整个演示文稿的内容，它与普通视图不同的是，这些幻灯片是以缩略图形式显示的。这样用户不仅可以了解整个演示文稿的大致外观，还可以轻松地组织和编辑幻灯片，如插入/删除或移动幻灯片、设置幻灯片放映方式、设置动画特效以及设置排练时间等，如图 5-7 所示。

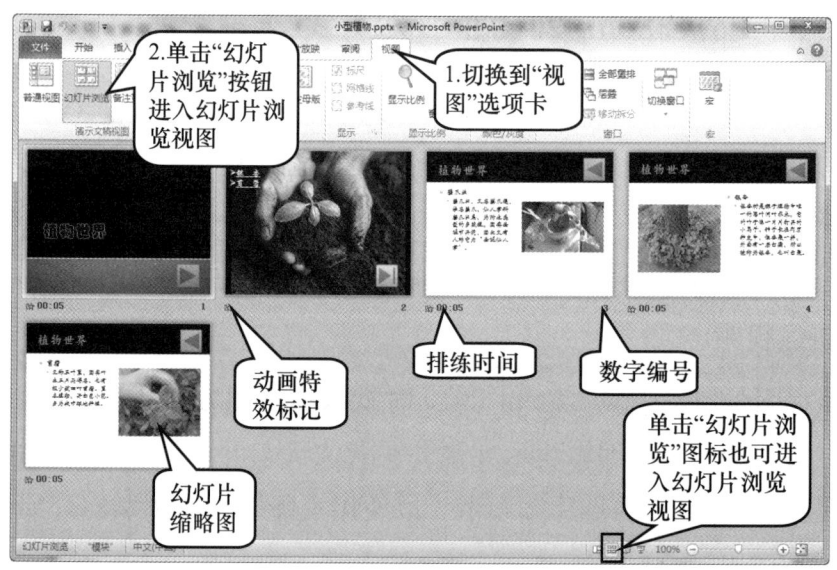

图 5-7　幻灯片浏览视图

3. 幻灯片放映视图

在幻灯片放映视图中，演示文稿占据整个计算机屏幕，就像对演示文稿在进行真正的幻灯片放映，用户可以在此查看图形、时间、影片、动画元素以及将在实际放映中看到的切换效果。在放映幻灯片时还可以加入许多特效，使演示过程更加生动有趣。另外，PowerPoint 2010 还允许在放映过程中设置绘图笔，加入屏幕注释，或者指定切换到特定的幻灯片等。在幻灯片视图中右击屏幕，在弹出菜单中选择相应的命令即可进行所需设置，如图 5-8 所示。

图 5-8　幻灯片放映视图

4. 备注页视图

备注页主要用于建立、修改和编辑演讲者备注，以及记录演讲者在讲演时所需的一些提示重点。备注的文本内容虽然可以通过普通视图中的"备注"窗格进行编辑，但是使用备注页视图可更方便地进行备注文字的编辑操作。在备注页视图中可以移动幻灯片缩像的位置、放映幻灯片缩像的大小，并且可以输入或编辑备注文本及图片。备注页视图的页面被分为上下两部分，上面是幻灯片，下面是文本框，在文本框中可以输入备注内容，并且可以将其打印出来作为演讲稿，如图 5-9 所示。

在默认情况下，PowerPoint 2010 以整页方式显示备注页，这样在输入或编辑演讲备注内容时可能会比较困难，可以使用状态栏上的"显示比例"工具来适当增大显示比例。在备注文本框中可以插入各种对象，并可以设置备注文本的格式。

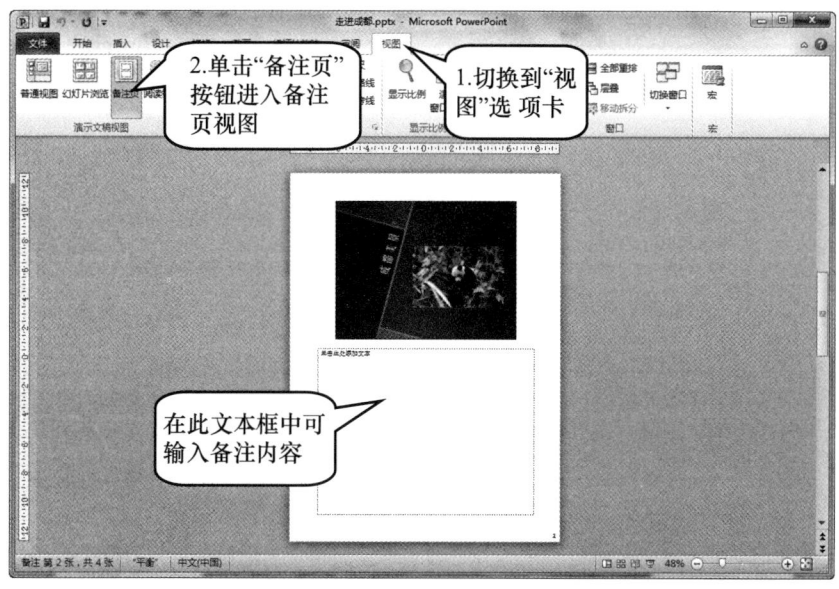

图 5-9 备注页视图

5.1.4 插入和删除幻灯片

1. 插入幻灯片

在编辑演示文稿时，需要不断地插入新幻灯片，才能制作出完整的演示文稿。在新建幻灯片时需要选择幻灯片的版式。

（1）插入与上一张幻灯片相同版式的幻灯片。操作方法如图 5-10 所示。

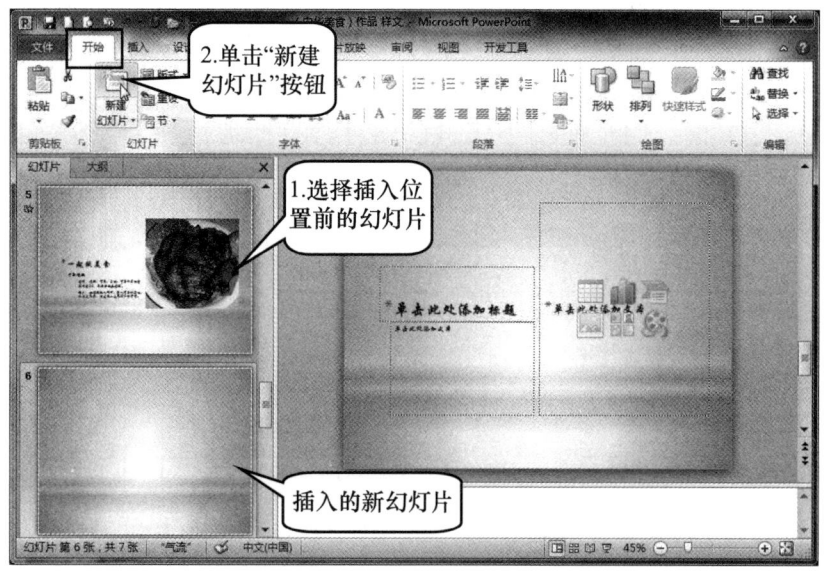

图 5-10 插入与上一张幻灯片版式相同的新幻灯片

(2)插入不同版式的幻灯片。操作方法如图 5-11 所示。

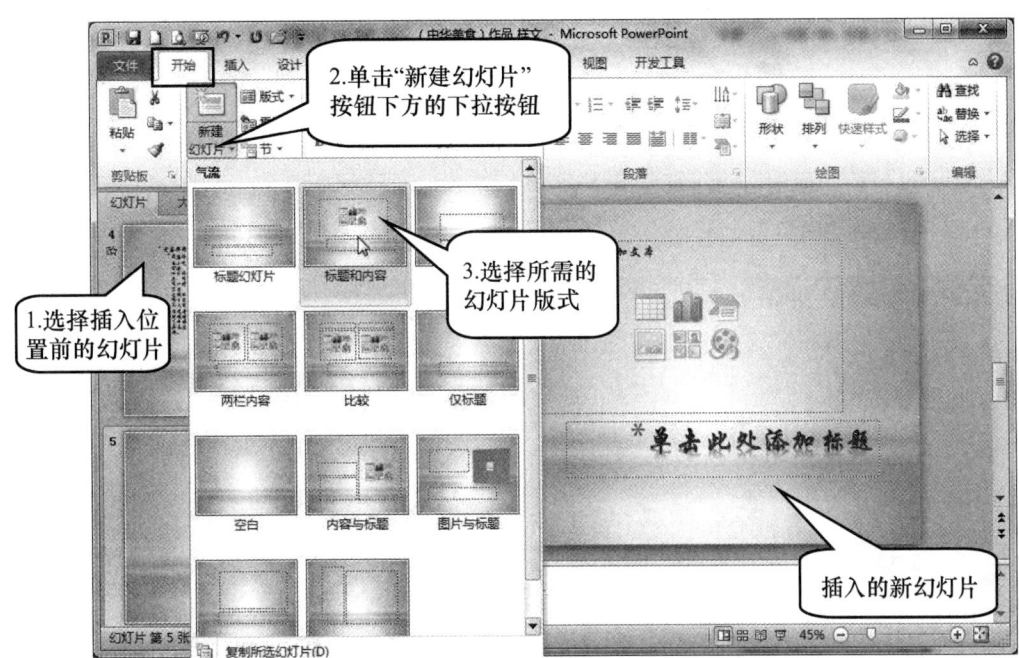

图 5-11　插入版式不同的新幻灯片

2. 删除幻灯片

删除幻灯片的方法有以下两种。

(1)使用 Delete 键删除幻灯片。在普通视图或幻灯片浏览视图模式中,选取要删除的幻灯片,然后按下键盘上的 Delete 键,即可将选取的幻灯片删除。

(2)使用快捷菜单删除幻灯片。在普通视图或幻灯片浏览视图模式中,选取并右击要删除的幻灯片,从弹出的快捷菜单中选择"删除幻灯片"命令,即可将选取的幻灯片删除。

5.1.5　移动和复制幻灯片

1. 移动幻灯片

移动幻灯片的方法有以下三种。

(1)使用鼠标移动和复制幻灯片。在普通视图或幻灯片浏览视图模式中,选取要移动的幻灯片,然后拖动鼠标至放置幻灯片的位置后松开鼠标,即可完成对幻灯片的移动；按住 Ctrl 键的同时拖动鼠标至放置幻灯片的位置，松开鼠标键，即可完成对幻灯片的复制。

（2）使用"剪贴板"工具移动幻灯片。在普通视图或幻灯片浏览视图模式中，选取要移动的幻灯片，在"开始"选项卡中单击"剪贴板"｜"剪切"或"复制"按钮，此时选取的幻灯片被放到剪贴板中，然后在放置幻灯片的位置处单击鼠标，再单击"剪贴板"——"粘贴"按钮，即可将幻灯片移动或复制到当前位置。

（3）使用快捷菜单移动幻灯片。在普通视图或幻灯片浏览视图模式中，选取并右击要移动的幻灯片，从弹出的快捷菜单中选择"剪切"或"复制"命令，然后在放置幻灯片的位置右击，从弹出的快捷菜单中选择"粘贴"命令，即可将选取的幻灯片移动或复制到当前位置。

2. 复制幻灯片

复制幻灯片的方法有以下三种。

（1）通过快捷键复制幻灯片。在普通视图或幻灯片浏览视图模式中，选取要复制的幻灯片，按"Ctrl＋C"，执行"复制"命令，然后在放置幻灯片的位置处按"Ctrl＋V"快捷键，执行"粘贴"命令，即可将选取的幻灯片复制到当前位置。

（2）使用"复制"＋"粘贴"按钮移动幻灯片。在普通视图或幻灯片浏览视图模式中，选取要复制的幻灯片，在"开始"选项卡中单击"剪贴板"——"复制"按钮，此时选取的幻灯片被放到剪贴板中，然后在放置幻灯片的位置处单击鼠标，再单击"剪贴板"——"粘贴"按钮，即可将幻灯片复制至当前位置。

（3）使用快捷菜单复制幻灯片。在普通视图或幻灯片浏览视图模式中，选取并右击要复制的幻灯片，从弹出的快捷菜单中选择"复制"命令，然后在放置幻灯片的位置右击，再在弹出的快捷菜单中选择"粘贴"命令，即可将选取的幻灯片复制到当前位置。

3. 重用幻灯片

在 PowerPoint 2010 中，可以将已创建的幻灯片存放在幻灯片库中，以便以后重复使用，也可以使用其他演示文稿中的幻灯片，这个功能为我们创建演示文稿提供了便利。重用幻灯片的具体操作方法如图 5-12 所示。

5 演示文稿制作软件 PowerPoint 2010 应用

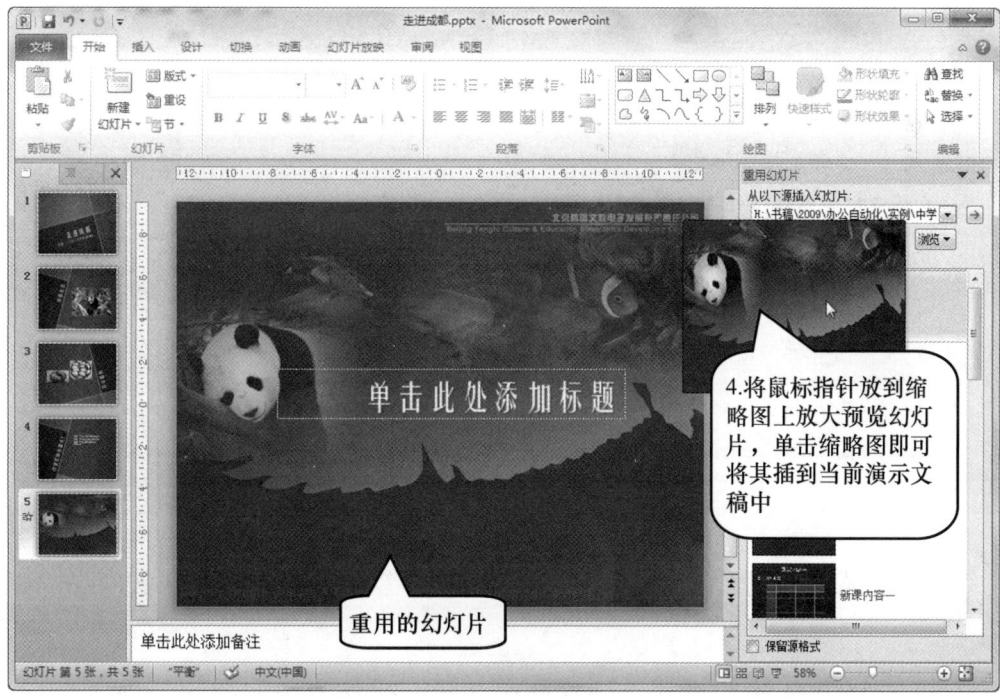

图 5-12 重用幻灯片

4. 保存演示文稿

（1）单击快速访问工具栏上的"保存"按钮。

（2）选择"文件"——"保存"命令。

（3）按下 Ctrl+S 组合键。

PowerPoint 2010 演示文稿的默认保存格式为 .pptx。

创建一个新演示文稿，保存为"中华美食.pptx"，通过插入新幻灯片使之包含一张标题版式、一张标题和内容版式以及两张两栏内容版式的幻灯片。

（1）创建和保存演示文稿，具体操作方法略。

（2）插入第 2 张幻灯片，版式为"标题和内容"。操作方法如图 5-13 所示。

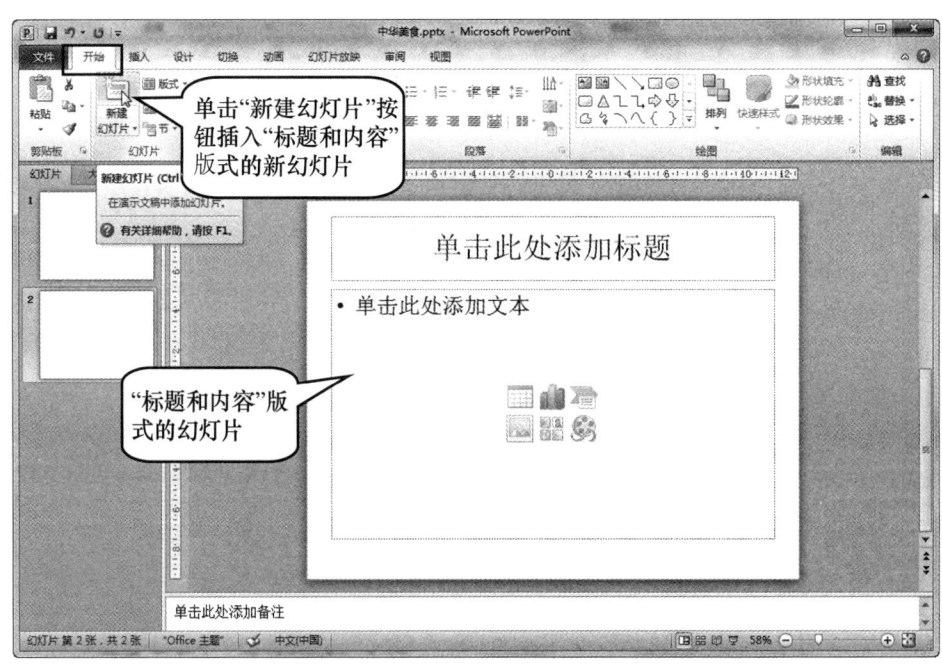

图 5-13 插入第 2 张幻灯片

（3）插入第 3 张幻灯片，版式为"两栏内容"。操作方法如图 5-14 所示。

（4）插入第 4 张幻灯片，版式同第 3 张。操作方法如图 5-15 所示。

（5）单击快速访问工具栏上的"保存"按钮，保存更改。

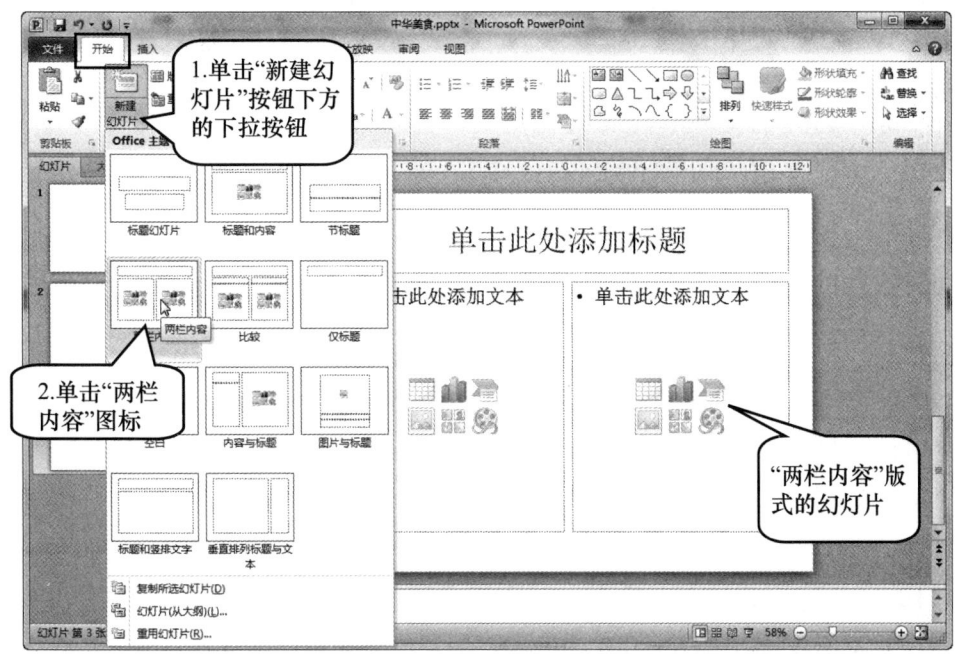

图 5-14 插入第 3 张幻灯片

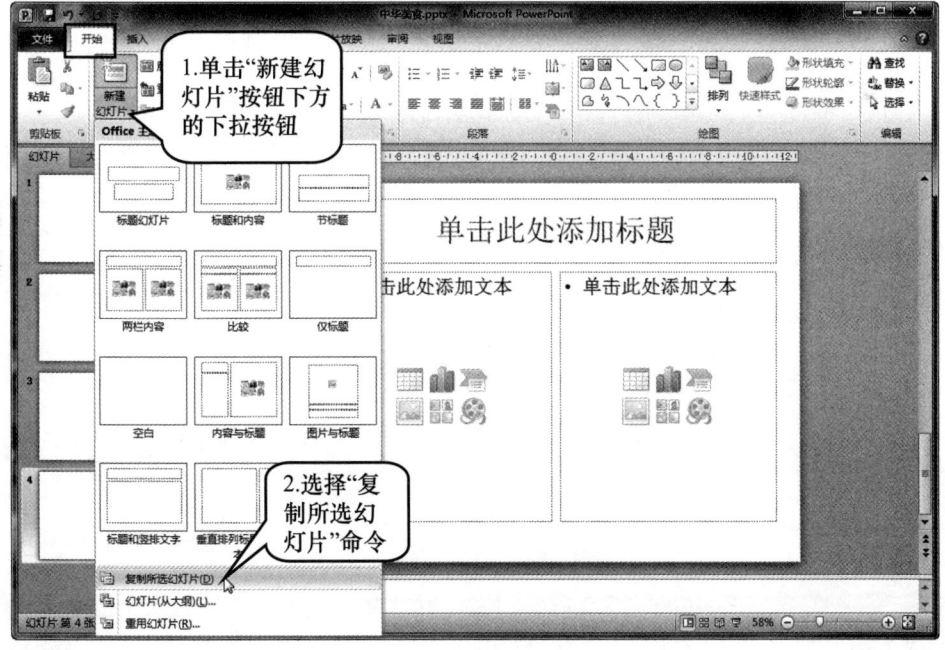

图 5-15 复制幻灯片

5.2 演示文稿修饰

一份好的演示文稿不但要有充实的内容，还要有和谐统一的格式。由于幻灯片是演示文稿的主体，因此对演示文稿风格的设计主要就是对幻灯片格式的设置。在 PowerPoint 2010 中控制幻灯片外观的方法有更改幻灯片版式、修改母版、设置幻灯片背景、应用预置的配色方案等。

通过本节的学习，您将掌握以下内容：

◆更改幻灯片版式。

◆修改幻灯片母版。

◆设置幻灯片背景。

◆应用配色方案。

5.2.1 编辑幻灯片版式和母版

1. 幻灯片版式

通过更改幻灯片的版式可以更改所选幻灯片的布局。在默认情况下，新创建的空白演示文稿中会包含一张标题版式的幻灯片，插入幻灯片时可以在"新建幻灯片"弹出菜单中选择新幻灯片的版式。这些幻灯片的版式并不是不可改变的，我们也可以更改已有幻灯片的版式，更改幻灯片版式后，原幻灯片中的各种内容和对象也会随之更改为适应新版式的格式，如图 5-16 所示。

图 5-16　将两栏内容版式更改为内容与标题版式

2. 母版

母版是指包含一定预设格式的模板。演示文稿中包括幻灯片母版、讲义母版、备注母版三种母版，可分别用于编辑幻灯片、讲义或备注。在"视图"选项卡中单击"母版视图"组中的按钮即可在各母版视图中切换。

（1）幻灯片母版。幻灯片是演示文稿的主体，因此演示文稿中母版的应用主要体现在幻灯片母版上。幻灯片母版是指存储有关应用的设计模板信息的幻灯片，包括字形、占位符大小或位置、背景设计和色彩方案，如图 5-17 所示。

图 5-17　幻灯片母版

幻灯片母版控制幻灯片上所输入的标题和文本的格式与类型。对幻灯片母版的修改会反映在每张幻灯片上。如果要使个别幻灯片的外观与母版不同，应直接修改该幻灯片而不是修改母版。

（2）讲义母版。演示文稿的讲义是指将演示文稿的内容打印在纸上，发放给观众以做参考的纸质文件。使用讲义母版可以将多张幻灯片进行排版，然后打印在一张纸上。在 PowerPoint 2010 中，最多可以将 9 张幻灯片打印在一张纸上，如图 5-18 所示。

图 5-18 讲义母版

(3) 备注母版。备注母版决定备注页视图的页面元素格式,如图 5-19 所示。

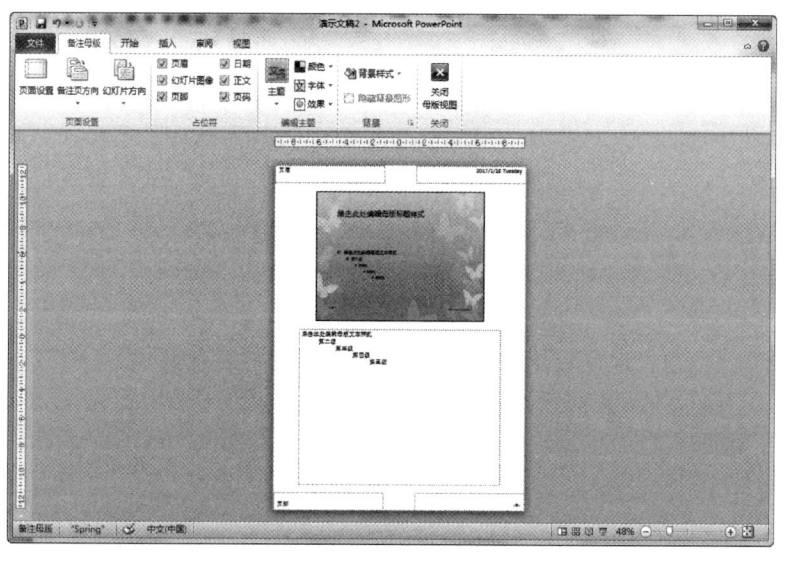

图 5-19 备注母版

打开"中华美食.pptx"演示文稿,将第 4 张幻灯片的版式更改为"内容与标题"版式,并通过修改母版更改演示文稿的整体风格,如图 5-20 所示。

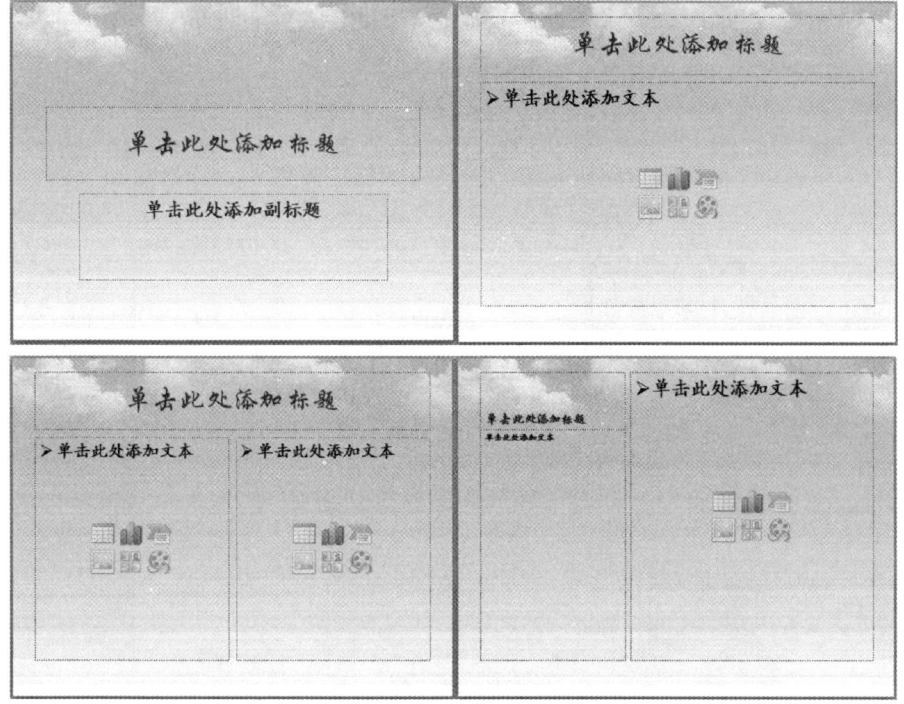

图 5-20　通过修改母版更改演示文稿风格

操作方法：

（1）更改幻灯片版式。具体操作方法如图 5-21 所示。

图 5-21　更改幻灯片版式

(2)切换到幻灯片母版视图。操作方法如图 5-22 所示。

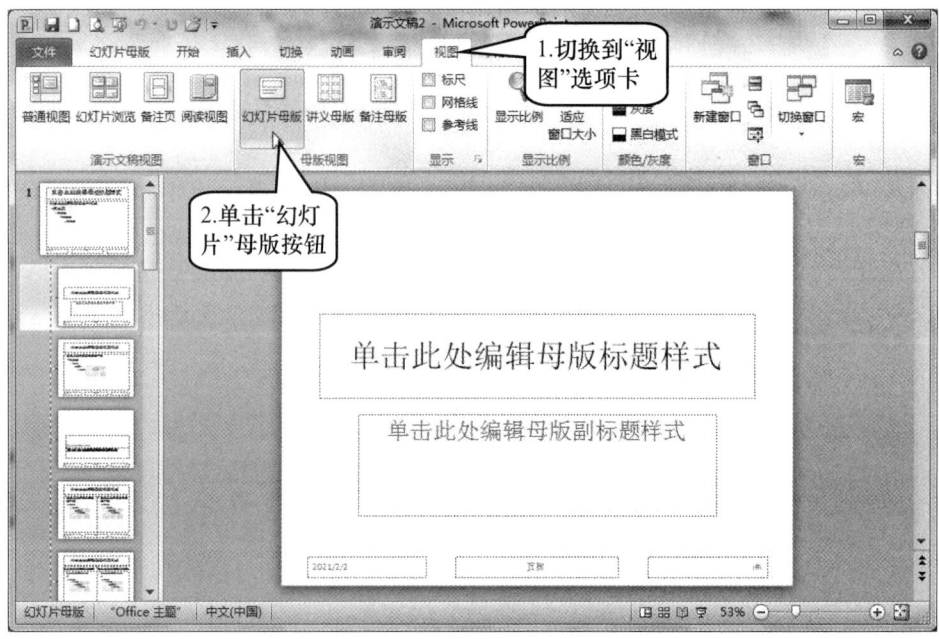

图 5-22　切换到幻灯片母版视图

(3)设置母版标题样式。操作方法如图 5-23 所示。

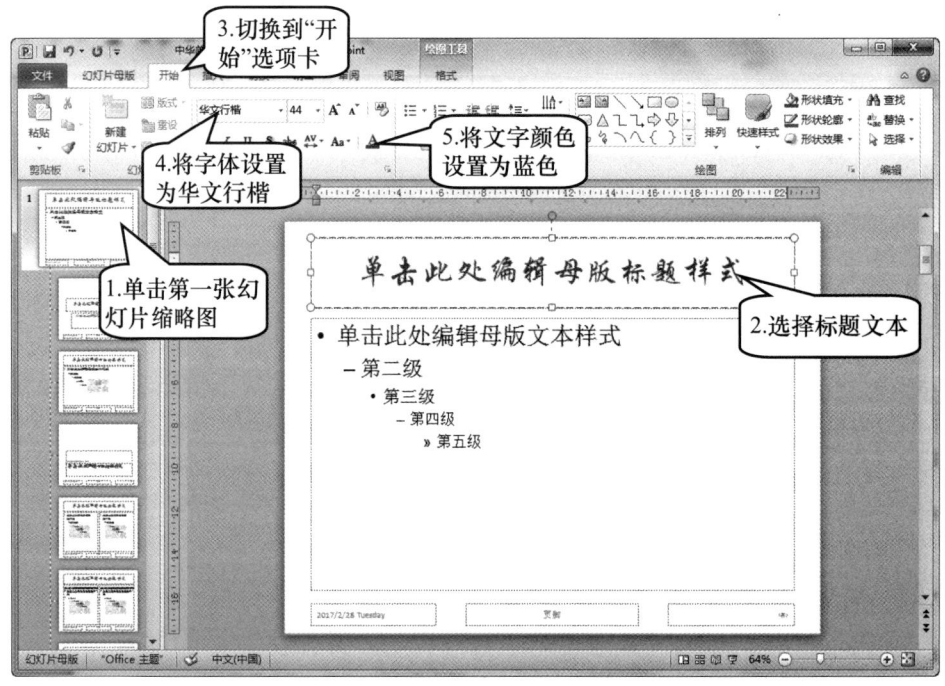

图 5-23　设置母版标题样式

(4) 设置一级正文文本样式。操作方法如图 5-24 所示。

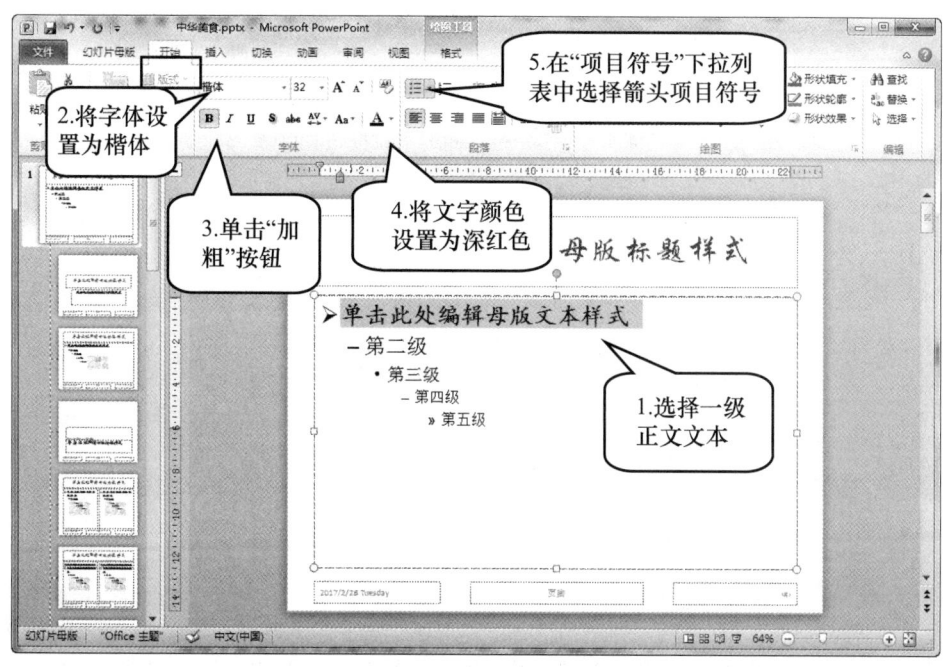

图 5-24　设置一级正文文本样式

(5) 设置母版背景。操作方法如图 5-25 所示。

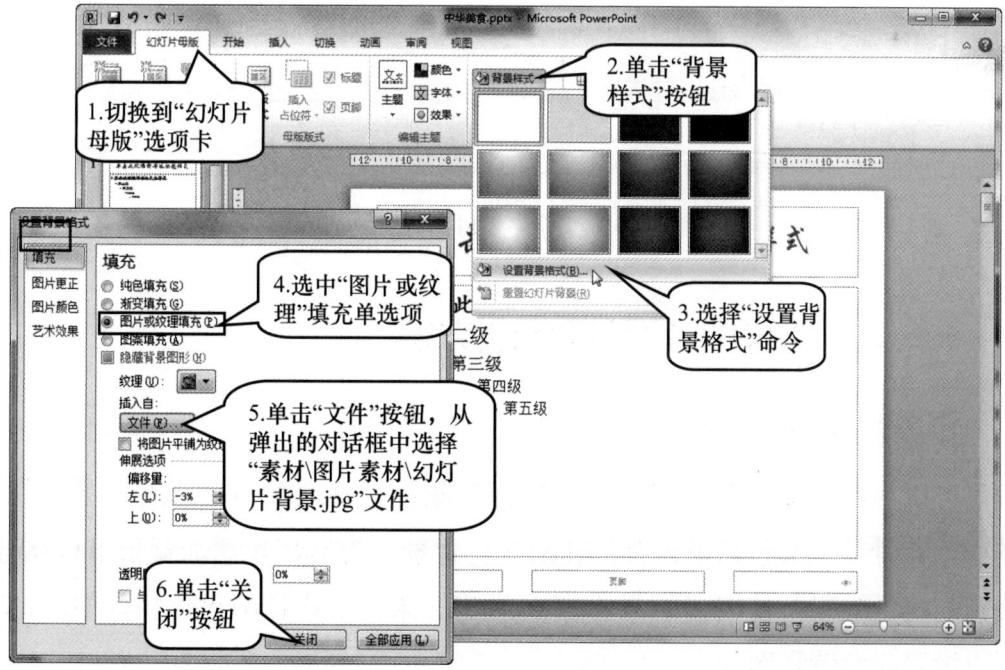

图 5-25　设置母版背景

(6) 设置副标题文本格式。操作方法如图 5-26 所示。

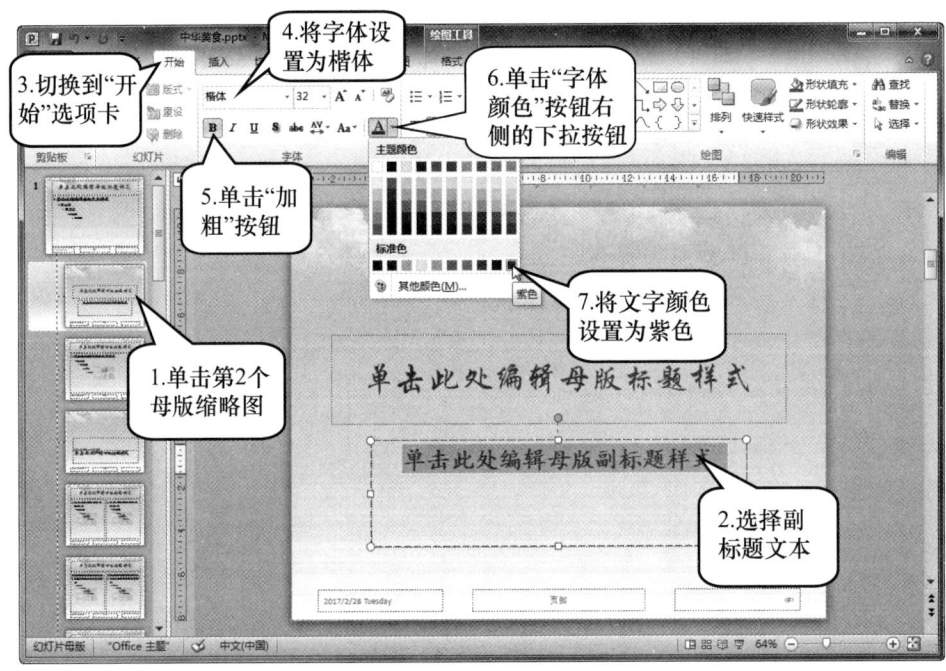

图 5-26 设置副标题样式

(7) 退出幻灯片母版视图，操作方法如图 5-27 所示。

图 5-27 关闭母版视图

5.2.2 设置幻灯片背景和配色方案

1. 设置幻灯片背景

可以为演示文稿中的幻灯片添加背景颜色、纹理、图案或者背景图像，其中，背景颜色又包括单色背景和渐变色背景。为幻灯片添加背景可以构建强烈的视觉效果，使演播效果不那么单调乏味。当背景中包含图像对象时，可以设置隐藏背景图像。

在"中华美食.pptx"演示文稿中插入一张新幻灯片，为其单独应用图片背景，如图 5-28 所示。

图 5-28　为单张幻灯片应用图片背景

具体操作方法如图 5-29 所示。

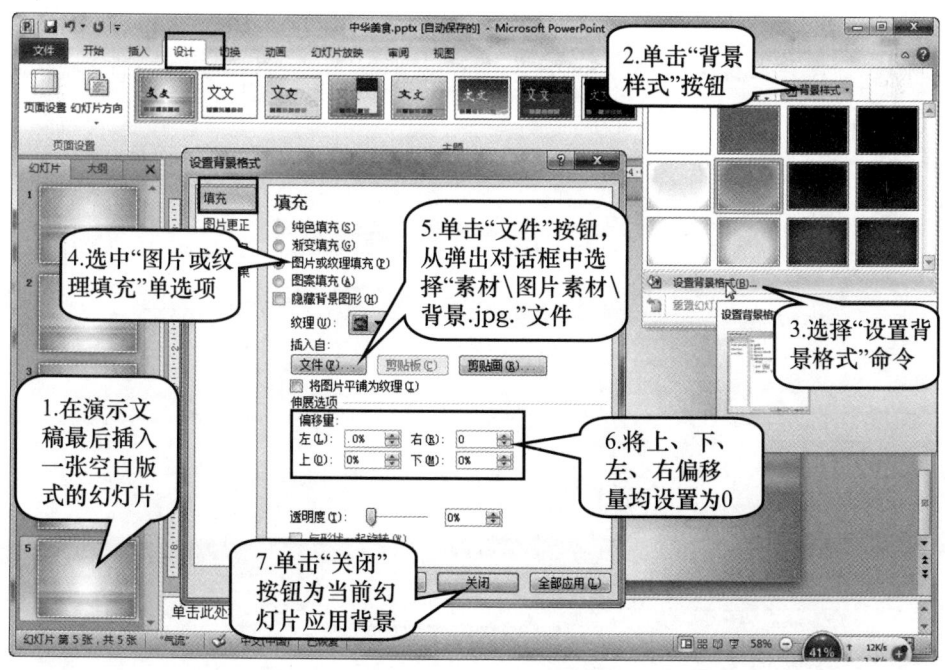

图 5-29　插入背景图像

2. 设置配色方案

（1）应用主题。

演示文稿主题是一组格式选项，包括一组主题颜色、一组主题字体（包括标题字体和正文字体）和一组主题效果（包括线条和填充效果）。在设置演示文稿主题时，可以选择是将该主题应用于所有幻灯片还是仅应用于选定幻灯片，如图 5-30 所示。当选择仅应用于选定幻灯片时，其他幻灯片的外观不受影响。

图 5-30　选择主题的应用范围

（2）设置配色方案。

主题中的颜色、字体和效果都可以单独设置，而配色方案可以最直观地给人带来视觉的冲击。PowerPoint 2010 中内置了多种主题配色方案可供选择，用户也可以自定义新的配色方案。

打开"中华美食.pptx"演示文稿，为其应用"气流"主题，并更改主题颜色和字体，如图 5-31 所示。

图 5-31　应用"气流"主题

操作方法：

（1）应用主题。操作方法如图 5-32 所示。

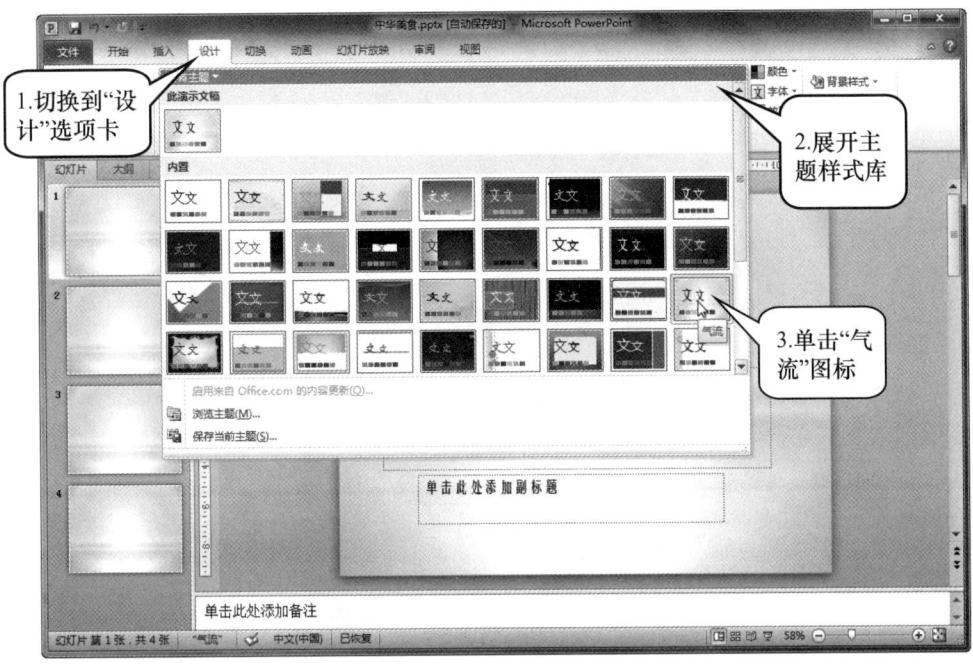

图 5-32　应用主题

（2）修改主题颜色。操作方法如图 5-33 所示。

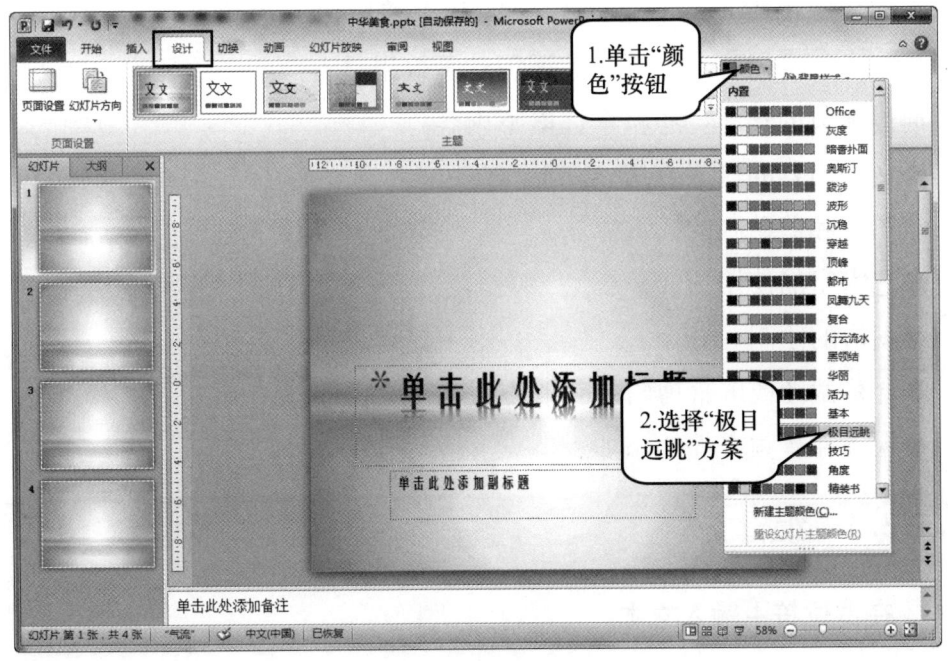

图 5-33　修改主题颜色

(3) 修改主题文本字体。操作方法如图 5-34 所示。

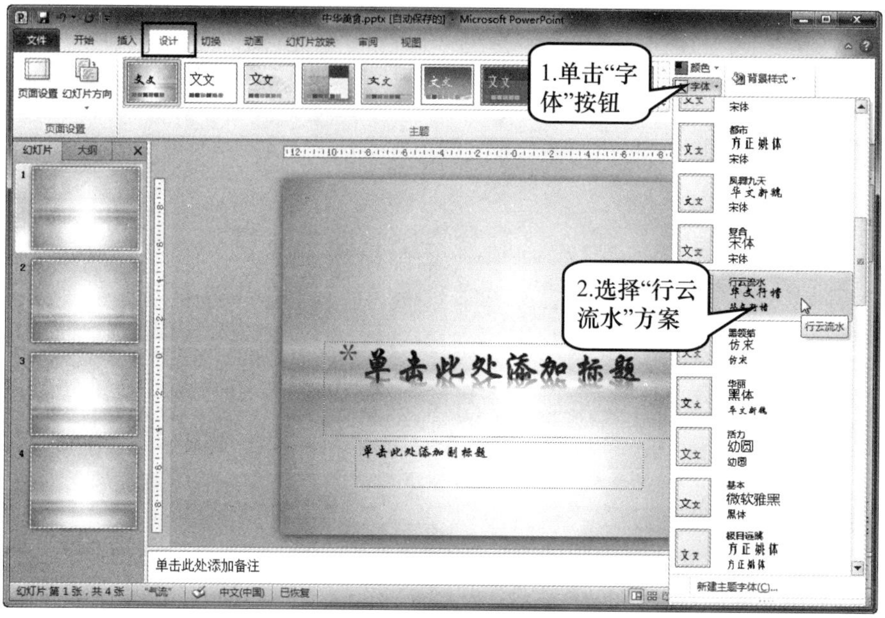

图 5-34　修改主题文本字体

5.3　演示文稿对象编辑

在演示文稿中可以包含文字、图片、剪贴画、表格、图表、SmartArt 图形、艺术字等内容，并可为其添加动画效果。

通过本节的学习，您将掌握以下内容：

◆文本内容的输入方法。

◆图片和剪贴画的插入方法。

◆艺术字的使用。

◆图形的绘制。

◆屏幕截图或屏幕剪辑的获取方法。

◆视频和音频文件的添加。

5.3.1　编辑文本

1. 在占位符中输入文本

在 PowerPoint 中，占位符是一个重要的元素，它是一种带有包含内容的点线边框的框，除了"空白"版式外，所有内置幻灯片版式都包含占位符。

在占位符中可以放置标题及正文，或者图表、表格、图片、媒体剪辑等对象，编辑时只需按照占位符中的提示文字进行操作就可以很容易地插入相应的对象，如图5-35所示。

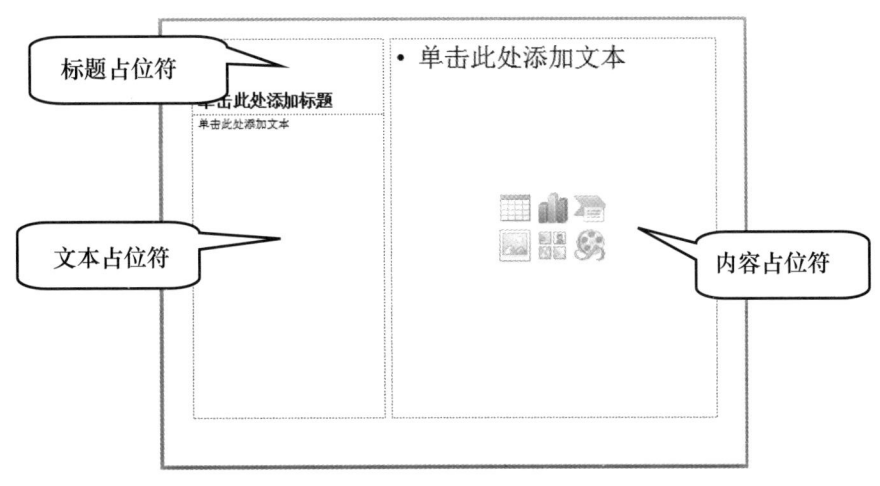

图 5-35　占位符

按照提示在内容占位符内单击鼠标，即可在其中输入或粘贴文本。在默认情况下，内容占位符中的文本带有项目符号，按下 Backspace 键即可取消当前行的项目符号。按 Shift＋Enter 组合键可以在段落中换行，按下 Enter 键可直接换段。在内容占位符中输入文本时，如果输入的文本超出了占位符的大小，PowerPoint 会逐渐减小输入的字号和行间距，以使文本大小与占位符相适应。

2. 在"大纲"选项卡中输入文本

在"大纲"选项卡中将插入点放置在要添加文字的幻灯片图标后面，然后输入所需的文字，此文字即成为该幻灯片的标题文字。按下 Enter 键，可在当前幻灯片下方插入一张新幻灯片，再按下 Tab 键，则可取消新幻灯片，输入下一级大纲文字。包括标题在内一共可以使用 10 级大纲文字。

3. 插入文本框

使用文本框可以将文本放置到幻灯片的任何位置，而不必拘泥于文本占位符之中。例如，可以利用文本框将文字放置在图片旁边以成为图片的说明文字，或者为"空白"版式的幻灯片添加文字。文本框内的文本有横排和竖排两种排列方式，并且可以为文本框本身设置各种特殊效果。文本框中可以直接输入文字，也可以复制粘贴外部文本。

打开"中华美食.pptx"演示文稿，在前两张幻灯片中添加文本内容，如图 5-36 所示。

图 5-36　在幻灯片中添加文本内容

操作方法：

（1）在第一张幻灯片中添加标题和副标题。操作方法如图 5-37 所示。

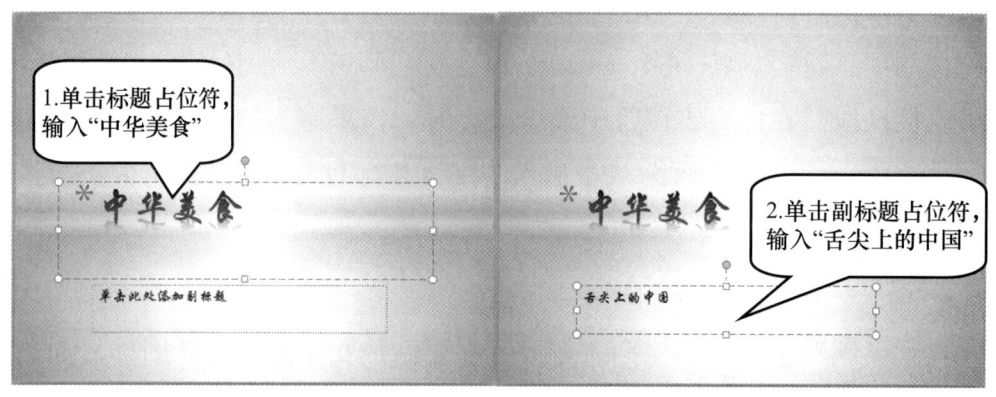

图 5-37　编辑第一张幻灯片

（2）在第二张幻灯片中添加标题"四大菜系"，并打开"素材 \ 文字素材 \ 中华美食.docx"文档，将"四大菜系"标题下面的正文内容复制到文本占位符中。具体操作方法如图 5-38 所示。

图 5-38　编辑第二张幻灯片

5.3.2　插入与设置对象

1. 插入对象

PowerPoint 2010 的幻灯片中可以包含各种对象，如形状、剪贴画、图片、表格、图表、SmartArt 图形、媒体剪辑等。与在 Word 中的操作一样，它们都可以通过使用"插入"选项卡"插图"组中的工具来进行插入，并使用"格式"选项卡中的工具来为其设置格式。此外，如果当前幻灯片中带有占位符，只需在占位符中单击与要插入对象所对应的图标按钮，打开相应的对话框，选择或者设置所需的对象即可将其插入。

打开"中华美食.pptx"演示文稿，在第二张、第三张幻灯片中添加文本和图片，如图 5-39 所示。

图 5-39　在幻灯片中添加内容

操作方法：

（1）在第三张幻灯片中添加标题"美食传说"，并将"素材\文字素材\中华美食.docx"文档中"美食传说"标题下的正文文本复制到左侧的内容占位符中，将"素材\图片素材\老婆饼.jpg"图片文件插入到右侧的内容占位符中。具体操作方法如图5-40所示。

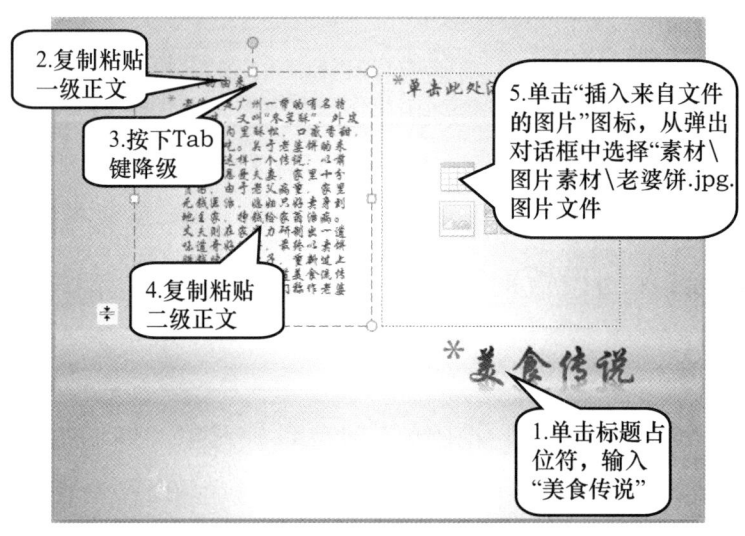

图 5-40　编辑第三张幻灯片

（2）在第四张幻灯片中添加标题"一起做美食"，并将"素材\文字素材\中华美食.docx"文档中"美食传说"标题下的正文文本复制到左侧的内容占位符中，将"素材\图片素材\老婆饼.jpg"图片文件插入到右侧的内容占位符中。具体操作方法如图5-41所示。

2. 插入屏幕截图和屏幕剪辑

在Office 2010中可以快速而轻松地将屏幕截图添加到文档中。这项功能适用于捕获可能更改或过期信息的快照，如重大新闻报道或旅行网站上提供的讲求时效的可用航班和费率的列表等。屏幕截图可以完好地保存网页或其他来源的内容格式，且当源的信息发生变化时，丝毫不会影响屏幕截图。

单击"插入"选项卡"图像"组中的"屏幕截图"按钮可插入整个程序窗口；如果要截取窗口的一部分，则需要使用下拉菜单中的"屏幕剪辑"命令，如图5-42所示。

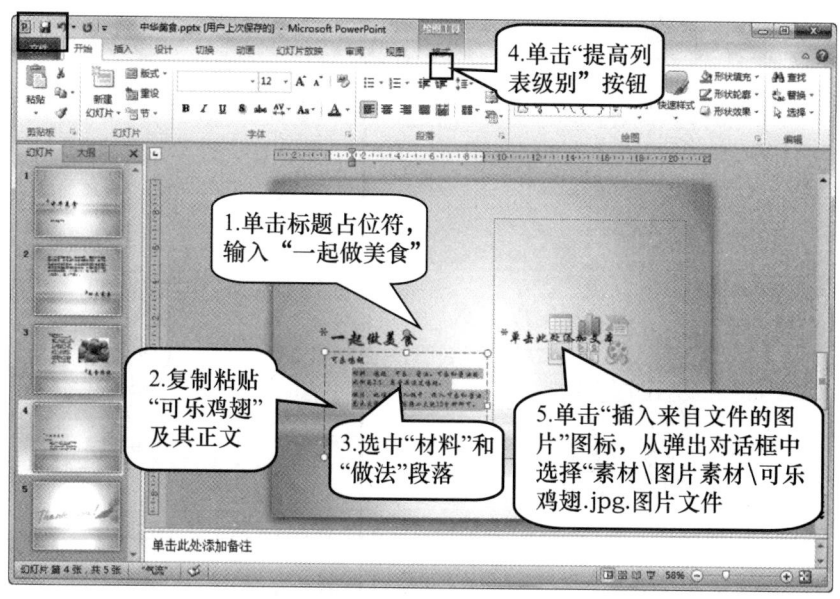

图 5-41　编辑第四张幻灯片

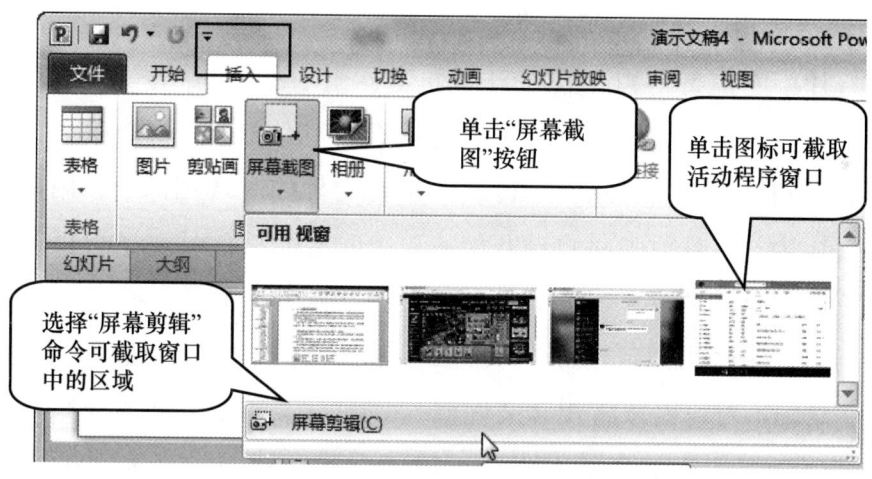

图 5-42　屏幕截图下拉菜单

屏幕截图功能只能捕获没有最小化到任务栏的窗口。打开的程序窗口以缩略图的形式显示在"可用窗口"库中,当把鼠标指针悬停在缩略图上时,将弹出工具提示,其中显示程序名称和文档标题,单击某个缩略图即可将该程序窗口插入到幻灯片中。当选择"屏幕剪辑"命令时,整个窗口会暂时变得模糊,拖动鼠标选择要截取的区域,该区域中的内容将清晰显示,如图 5-43 所示。

图 5-43　截取屏幕

添加屏幕截图后，可以使用图片工具编辑和增强该屏幕截图。

3. 插入音频文件和视频文件

幻灯片中的声音可以是位于计算机或"Microsoft 剪辑管理器"中的音乐文件，也可以录制自己的声音或者使用 CD 中的音乐。将音乐或声音插入幻灯片后，幻灯片上会显示一个代表该声音文件的声音图标 。用户除了可以将它设置为幻灯片放映时自动开始或单击时开始播放外，还可以设置为带有时间延迟的自动播放，或作为动画片段的一部分播放。

在幻灯片中还可以插入来自文件、网络或剪辑库中的视频，在 PowerPoint 2010 中，可以直接将视频文件嵌入到演示文稿中。嵌入视频的方法非常简单，但会增加演示文稿的大小。链接视频会让演示文稿保持较小的文件，但可能会因某种原因断开链接。为了防止可能出现的问题，在链接视频时，最好将视频文件与演示文稿复制到相同文件夹中，并建立它们之间的链接。

为"中华美食.pptx"演示文稿添加背景音乐"素材\音乐素材\背景音乐.mp3"。插入文件中的音乐文件。操作方法如图 5-44 所示。

在"中华美食.pptx"演示文稿的最后一张幻灯片中添加艺术字，如图 5-45 所示。

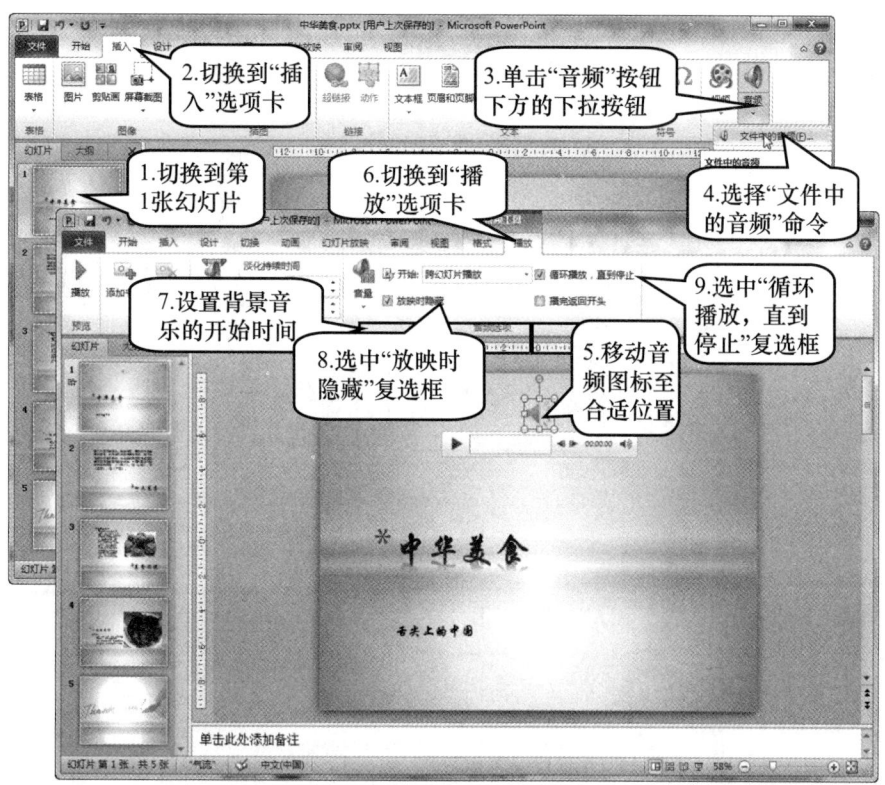

图 5-44　添加背景音乐

图 5-45　在幻灯片中添加艺术字

操作方法：
（1）插入艺术字。操作方法如图 5-46 所示。

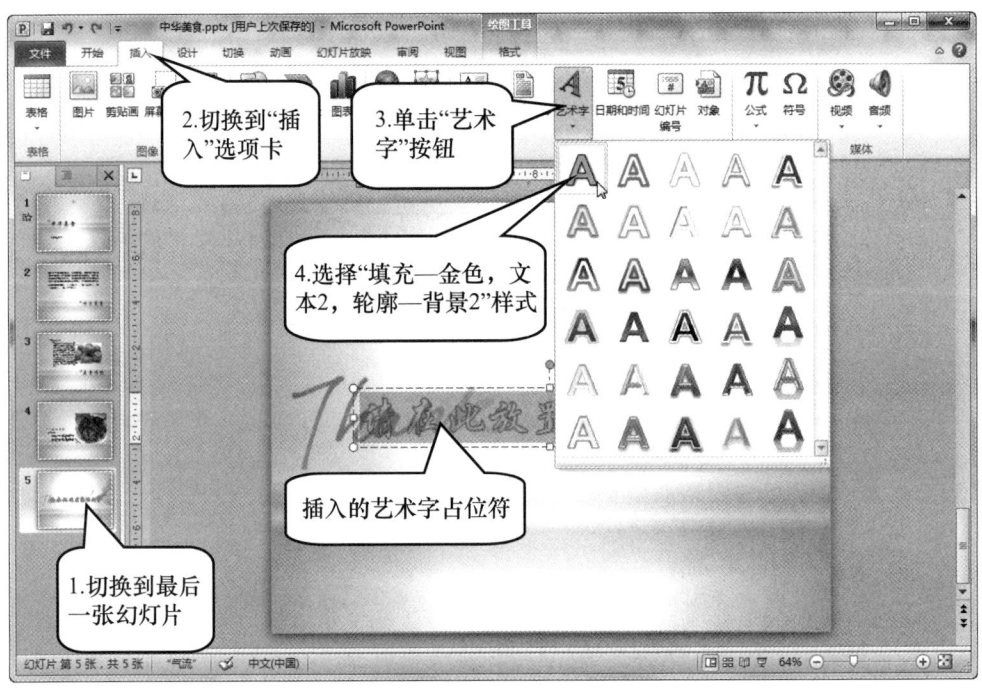

图 5-46　插入艺术字

（2）设置艺术字文字格式。操作方法如图 5-47 所示。

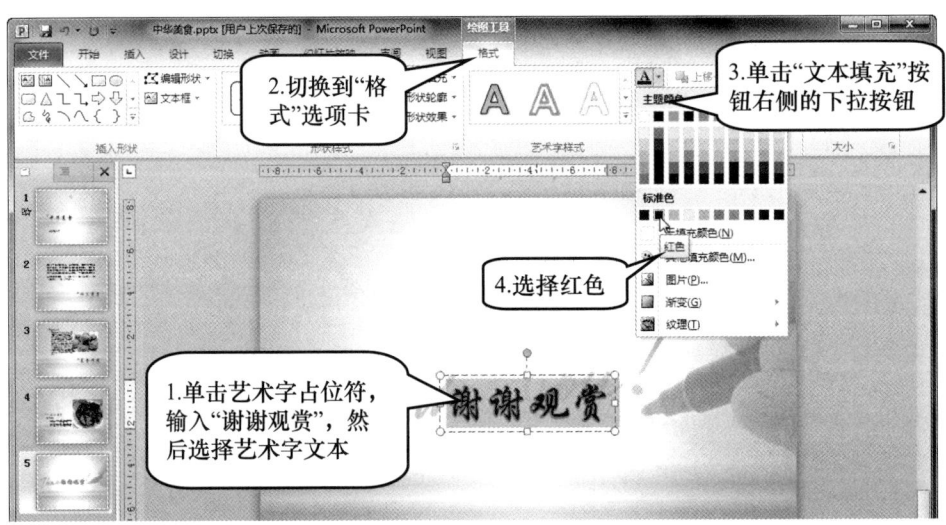

图 5-47　设置艺术字文字格式

(3) 设置艺术字文字大小。操作方法如图 5-48 所示。

图 5-48　设置艺术字文字大小

5.3.3　设置幻灯片动画、切换方式

1. 演示文稿中的动画效果

在演示文稿中加入动画可以为其在播放时增添效果。演示文稿中的动画效果可应用于幻灯片中的文本或对象上，也可以应用于幻灯片切换时。

在为对象设置动画效果时，可以应用程序中预设的动画方案，也可以自定义动画效果。动画方案和自定义动画所针对的操作对象不同：动画方案针对幻灯片；自定义动画针对的是幻灯片中的各种元素，如标题、文本和图片等。设计者在创建并编辑演示文稿内容后，通常先应用动画方案，然后通过自定义动画来进行局部调整。

为幻灯片设置切换方式可以在播放演示文稿时使幻灯片具有动画效果。演示文稿中所有的幻灯片可以使用同一切换方式，也可以使用不同的切换方式。为幻灯片添加切换效果最好在幻灯片浏览视图中进行，因为在浏览视图中设计者可以看到演示文稿中所有的幻灯片，并且可以非常方便地选择要添加切换效果的幻灯片。

2. 自定义动画效果

设计者可以为选定对象添加一个或多个动画效果，并在动画窗格中为其设置开始时间、播放速度、动画项目顺序等，如图 5-49 所示。

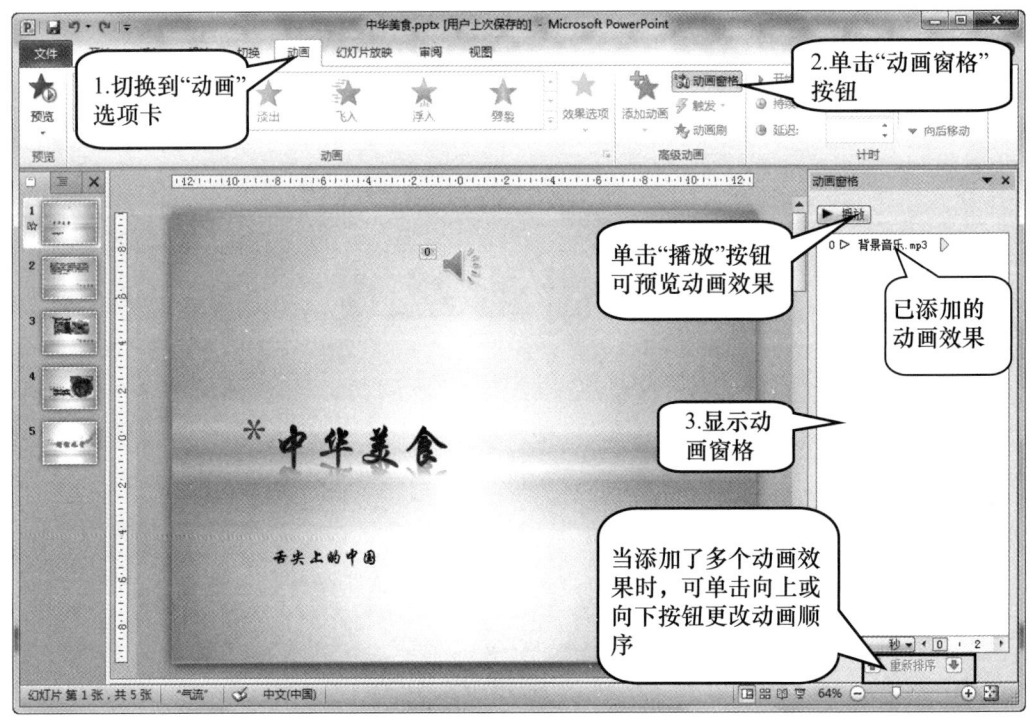

图 5-49　显示动画窗格

打开"中华美食.pptx"演示文稿，为文本对象添加淡出效果，为图片对象添加飞入效果，并为幻灯片添加随机切换效果。

操作方法：

（1）为第一张幻灯片中的第一个文本对象添加动画效果。操作方法如图 5-50所示。

（2）为第一张幻灯片中的第二个文本对象添加动画效果。操作方法如图 5-51所示。

（3）参照步骤（1）～（2）设置第二张幻灯片中标题文本和正文文本的淡出效果，其中标题文本的动画开始时间为"上一动画之后"。操作方法略。

（4）设置第三张幻灯片中标题文本、一级正文文本和二级正文文本的淡出效果，操作方法如图 5-52 所示。

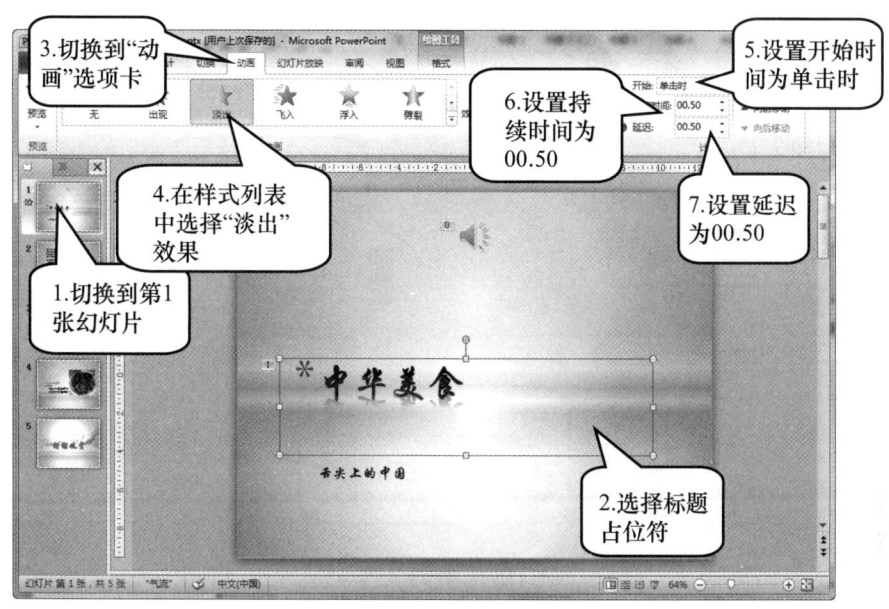

图 5-50　为第一个文本对象添加动画效果

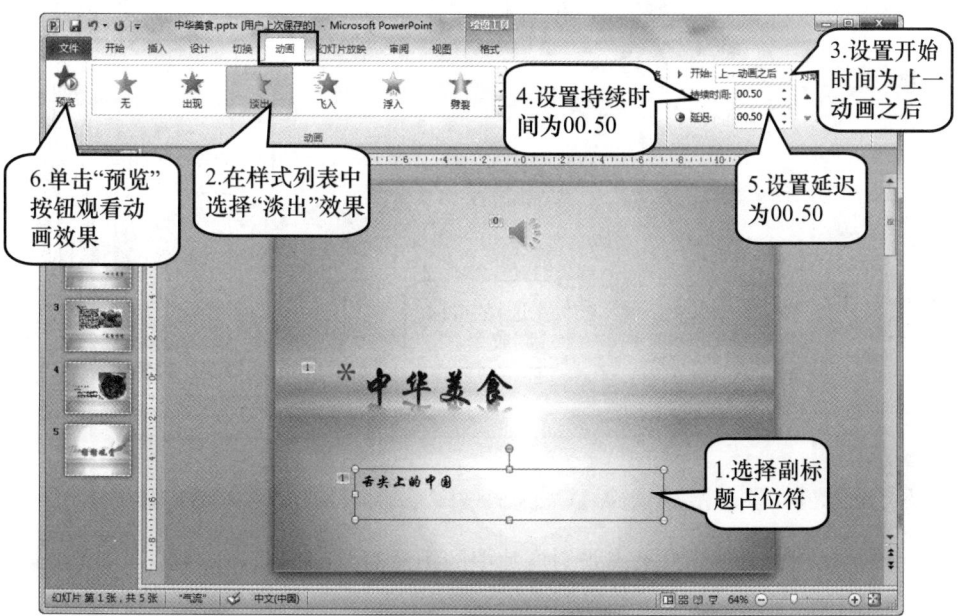

图 5-51　为第二个文本对象添加动画效果

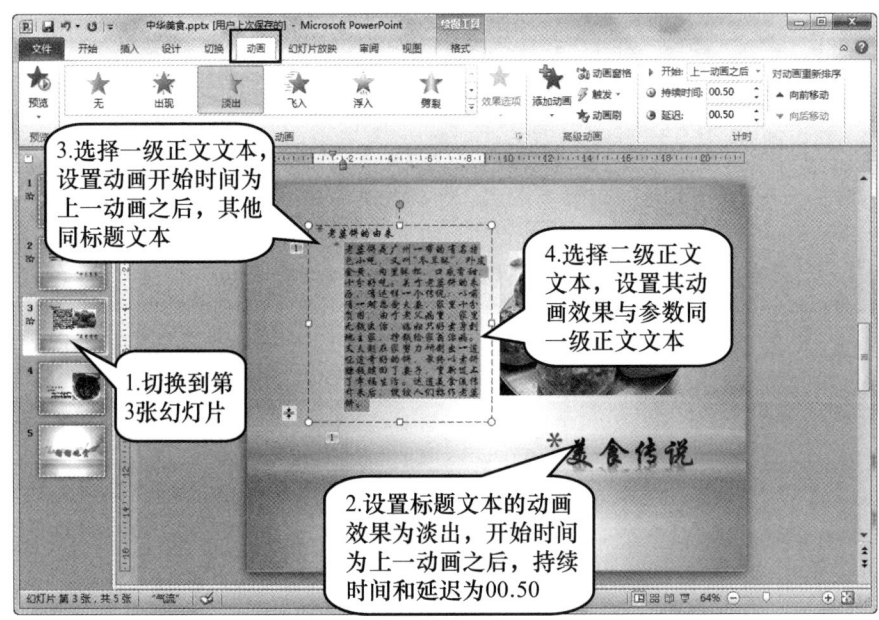

图 5-52　为第三张幻灯片中的文本对象添加动画效果

（5）设置第三张幻灯片中图片的飞入效果，操作方法如图 5-53 所示。

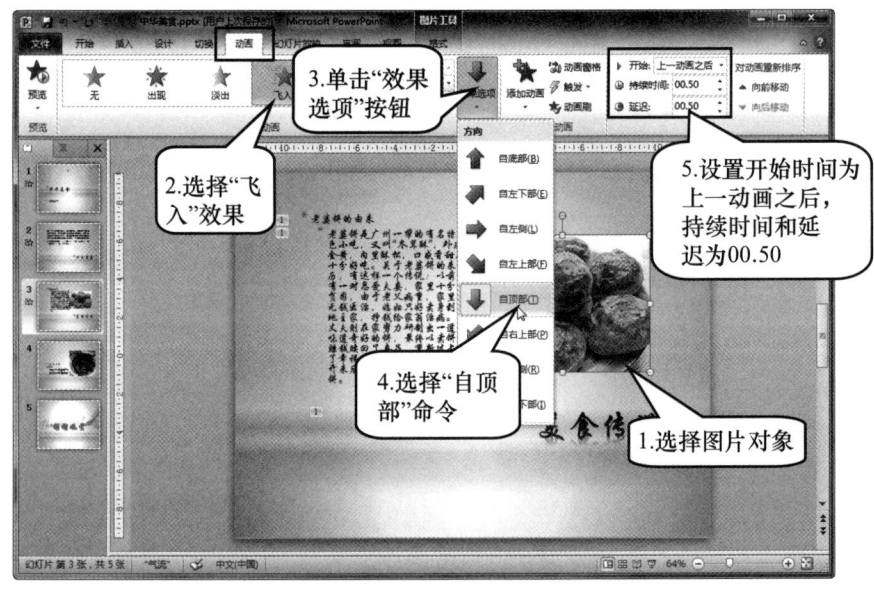

图 5-53　为第三张幻灯片中的图片对象添加动画效果

（6）设置第四张幻灯片中文本和图片的动画效果，同第三张幻灯片，操作方法略。

（7）设置第五张幻灯片中艺术字的浮入效果，操作方法如图 5-54 所示。

图 5-54　为第五张幻灯片的艺术字添加动画效果

（8）为幻灯片添加随机切换效果，操作方法如图 5-55 所示。

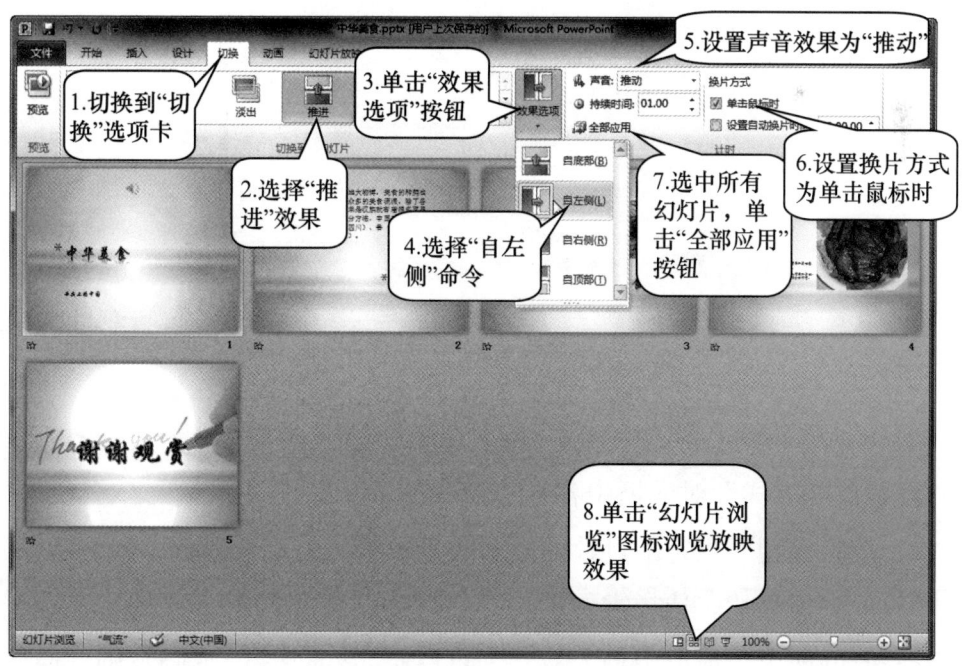

图 5-55　设置幻灯片切换效果

5.4 设置与放映演示文稿

制作演示文稿的最终目的是将它播放出来让大家观看,为了获得更好的播放效果,在正式播放演示文稿之前,还需要对其进行一些先期设置。此外,如果不是在本机上播放演示文稿,还需要将演示文稿打包,然后将其复制到其他目标计算机或网络上以运行它。

通过本节的学习,您将掌握以下内容:

◆设置放映方式。

◆自定义播放顺序。

◆将演示文稿打包成 CD。

5.4.1 放映方式设置选项

放映方式的设置选项有放映类型、放映范围和换片方式等,这些参数可以从"设置放映方式"对话框中进行设置,如图 5-56 所示。

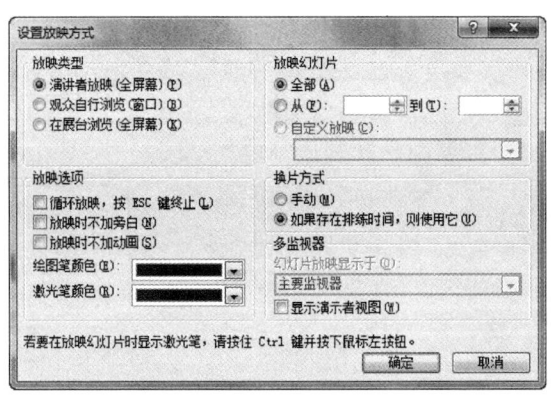

图 5-56 "设置放映方式"对话框

"设置放映方式"对话框中各选项说明如下。

(1) 放映类型。指定幻灯片的播放类型。

(2) 放映幻灯片。选择需要放映的幻灯片的范围。单击"从"单选按钮并在其右侧的两个数值框中输入数字,可以指定幻灯片的页码范围,而不是放映全部幻灯片。

(3) 放映选项。设置放映选项。选择"循环放映,按 ESC 键终止"复选框可使幻灯片不停地循环播放,直到按下 Esc 键时才停止;选择"放映时不加旁白"复选框可在放映时不播放旁白;选择"放映时不加动画"复选框可在放映时不使用动画方案。

(4)绘图笔颜色。选择绘图笔的颜色。

(5)换片方式。指定幻灯片的切换方式。单击"如果存在排练时间,则使用它"单选按钮可使幻灯片按照事先设置好的切换顺序自动切换;若单击"手动"单选按钮则需要单击鼠标或按键盘上的按钮才能切换到下一个幻灯片。

(6)多监视器。当使用多台监视器时,指定在哪台监视器上放映幻灯片。

5.4.2 自定义播放顺序

在默认情况下播放演示文稿时,幻灯片是按照在演示文稿中的先后顺序从前到后进行播放的,如果需要给特定的观众放映演示文稿的特定部分,可以自己定义幻灯片的播放顺序和播放范围,将演示文稿中的幻灯片结组放映。自定义了播放顺序后,该自定义放映的名称将显示在"幻灯片放映"选项卡的"自定义幻灯片放映"弹出菜单中。

自定义播放顺序的操作方法如图 5-57 所示。

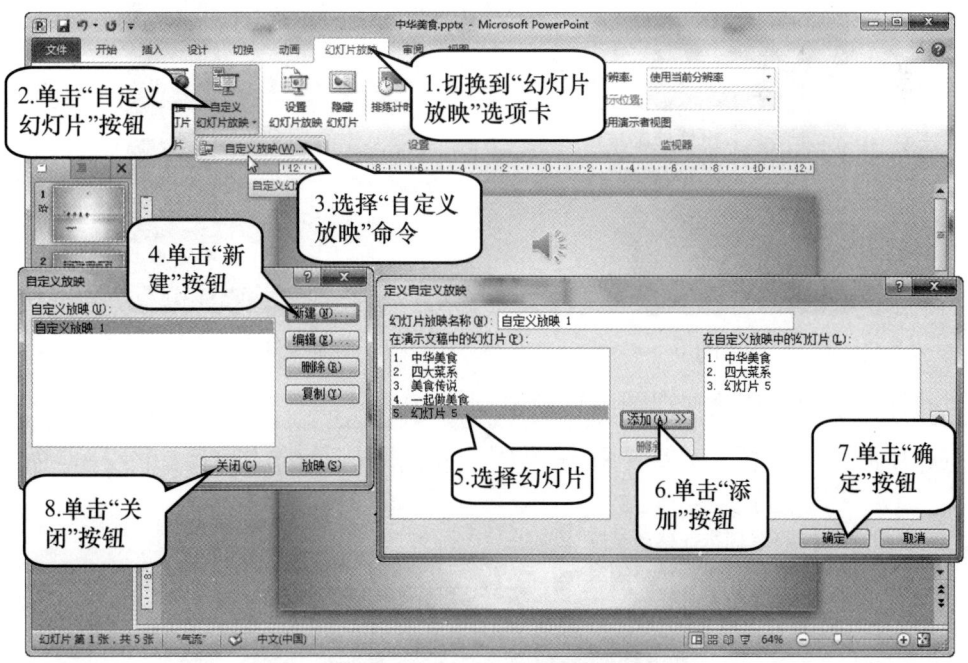

图 5-57 自定义幻灯片放映

5.4.3 播放演示文稿

使用"幻灯片放映"选项卡"开始放映幻灯片"组中的工具可以播放演示文稿,如图 5-58 所示。

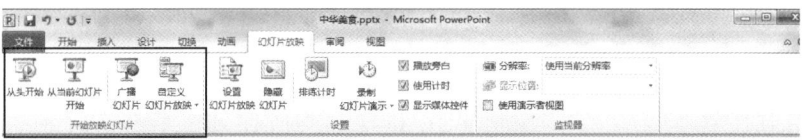

图 5-58 "幻灯片放映"选项卡

在放映幻灯片时,如果将幻灯片的切换方式设置为"自动",幻灯片将会按照事先设置好的自动顺序切换;如果将切换方式设置为"手动",则需用户单击鼠标或按键盘上的任意按钮才能切换到下一张幻灯片。

在放映幻灯片的过程中,右击幻灯片会弹出快捷菜单,通过其中的命令可以控制幻灯片的切换、查看演讲者备注、进行会议记录、设置指针选项和退出演示等,如图 5-59 所示。

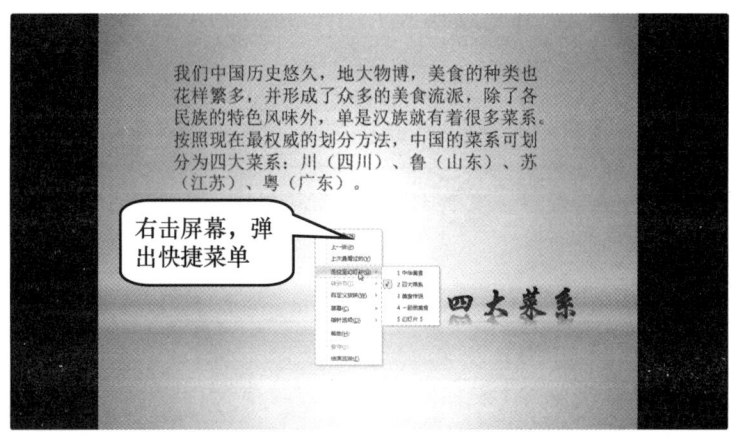

图 5-59 幻灯片放映视图中的快捷菜单

此外,在幻灯片放映视图中移动鼠标指针,屏幕的左下角会出现一个透明的幻灯片放映工具栏,其中的按钮可用于控制幻灯片的放映,如图 5-60 所示。

图 5-60 幻灯片放映工具栏

幻灯片放映工具栏中各按钮的功能如下。

(1) "向前" ←。切换到上一张幻灯片。

(2) "笔形" ✎。弹出指针选项菜单，设置指针选项。

(3) "放映选项" ▣。弹出放映选项菜单，设置放映选项。

(4) "向后" →。切换到下一张幻灯片。

幻灯片放映结束后，将会出现黑屏，并提示"放映结束，单击鼠标结束"，单击鼠标即可退出播放状态。如果播放中间要终止播放，可以按下 Esc 键。

打开"中华美食.pptx"演示文稿，设置自动放映选项，使之循环放映，然后从头放映幻灯片。

操作方法：

(1) 排练计时。操作方法如图 5-61 所示。

图 5-61 排练计时

(2) 设置放映方式。操作方法如图 5-62 所示。

(3) 播放演示文稿。操作方法如图 5-63 所示。

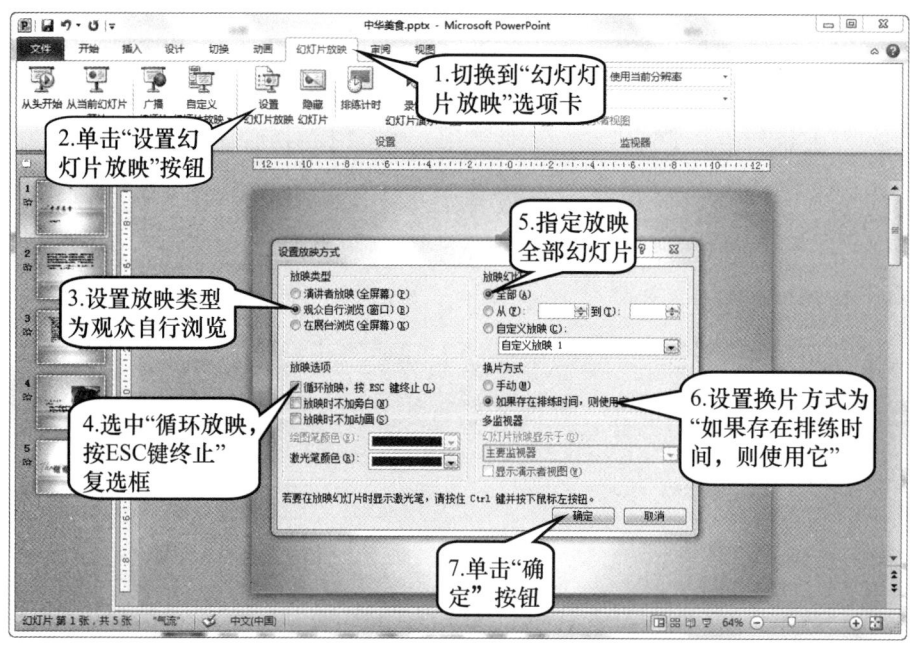

图 5-62　设置放映方式

图 5-63　播放演示文稿

扫一扫，做练习

6

因特网（Internet）应用

操作系统是支持计算机运行的基础软件，目前流行的计算机操作系统是美国微软公司的 Windows 操作系统，其最新的正式版本是 Windows 11。

6.1 获取 Internet 上的信息和资源

互联网是一个巨大的信息宝库，其涵盖的内容五花八门，无所不包。我们可以从网络中搜索到很多想了解的信息。在获取网络信息时，我们经常需要用到两个重要的工具：浏览器和搜索引擎。前者是浏览信息的窗口，后者则是搜索工具。

通过本节的学习，您将掌握以下内容：
◆用浏览器浏览网页。
◆保存网页或网页中的内容。
◆使用搜索引擎搜索信息。

6.1.1 Internet 基本概念和功能

1. Internet 的概念

Internet，中文译名为因特网，又叫国际互联网，是由使用公用语言互相通信的计算机连接而成的全球性网络。Internet 汇集了全球信息资源，实现了计算机与计算机之间的交流与共享资源，是目前世界上最大的计算机网络。Internet 中包含许多小的网络，即子网，而每个子网中都连接着若干台计算机。我们俗称的上网，就是指通过服务提供者连接上 Internet，浏览和使用 Internet 上的资源，如图 6-1 所示。

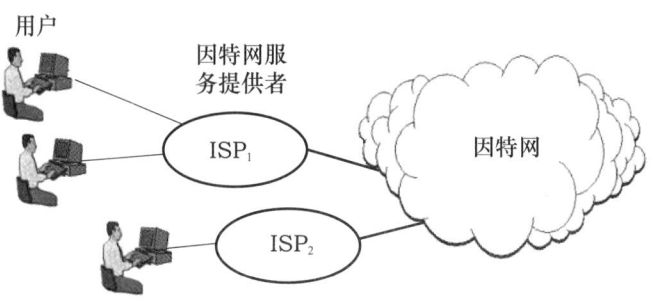

图 6-1　Internet 连接示意

2. Internet 的主要功能

（1）电子邮件服务。收发电子邮件是 Internet 最常用的服务功能之一。收发电子邮件具有操作简单、投递迅速、收费低廉等优点，发件人可以在极短的时间内将电子邮件从一台计算机发送到世界各地的若干个电子邮箱中，收件人也可以随时读取邮件。电子邮件中的内容也不仅仅包含文字和图形，还可以附加声音、图像等多媒体内容。

（2）文件传输。Internet 上存有大量的可供用户自由使用的软件、自由复制的源程序、数据等。这些文件和数据的传输是通过文件传输协议（FTP）来实现的。用户可以将 Internet 上的某些文件下载到本地计算机的存储设备上，也可以把自己的文件上传到 Internet 中的某台计算机的存储设备上。

（3）远程登录。远程登录是指可以通过 Internet 进入和使用远距离的计算机系统，就像使用本地计算机一样。当一台计算机接到远程登录的请求后，就试图把这台计算机同远端申请登录的计算机连接起来，联通后这台计算机将成为远端计算机的终端，而远端计算机的操纵者可以成为该计算机的合法用户，执行各种操作命令或使用系统资源。

（4）万维网服务。万维网（WWW），也叫全球信息网，是我们登录 Internet 后最常利用到的 Internet 的功能。通过万维网的浏览器，用户能迅速方便地连接到各个网站，浏览文本、图形、声音甚至动画等不同形式的信息。

6.1.2 浏览器的使用

1. 浏览器

浏览器是一种用来浏览网络信息的应用软件，目前常见的浏览器除了 Windows 自带的 IE 浏览器外，还有 360 浏览器、QQ 浏览器、谷歌浏览器、火狐浏览器等。

（1）Internet Explorer 浏览器。Internet Explorer 浏览器简称 IE，内置在 Windows 操作系统中，拥有广泛的用户群体。IE 内置了一些应用程序，具有浏览、发信、下载软件等多种网络功能。

在桌面上双击 Internet Explorer 图标即可启动 IE 浏览器，其窗口界面如图 6-2 所示。

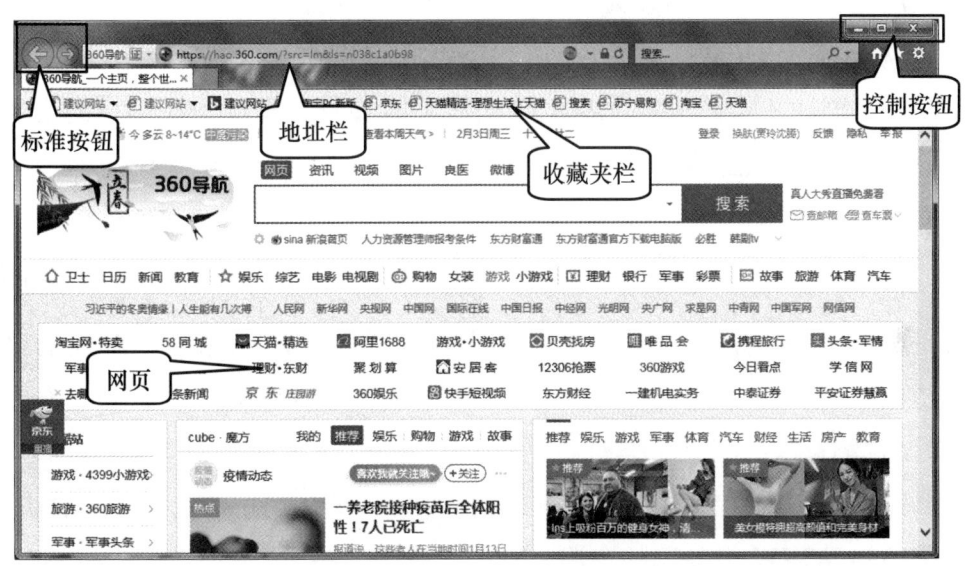

图 6-2　IE 窗口界面

标准按钮工具栏中主要按钮的功能如表 6-1 所示。

表 6-1　标准按钮工具栏中主要按钮的功能

按钮名称	图标	功能
后退、前进		显示已浏览过的上一张（下一张）网页
停止		停止传送网页

续表

按钮名称	图标	功能
刷新		重新整理画面的内容
主页		回到所设定的首页
搜索	搜索	在窗口左方出现搜寻画面
收藏夹	收藏夹	收藏自己喜欢的网站
历史		查看历史记录

(2) 其他浏览器。除了 IE 浏览器外，360 安全浏览器和 QQ 浏览器也是众多用户使用的网络浏览器。其中，360 安全浏览器是因特网上安全好用的新一代浏览器，拥有国内领先的恶意网址库，采用云查杀引擎，可自动拦截木马、欺诈、网银仿冒等恶意网址，其独创的"隔离模式"可以让用户在访问木马网站时也不会感染，无痕浏览功能则能够更大程度保护用户的上网隐私；QQ 浏览器则是一款采用 Trident 和 Webkit 双引擎的网页浏览器。

2. 网址

网址又称 URL，是统一资源定位器，用来描述网页的地址。所有网页都有一个网址，用来表示网页所在的主机名称及存放的路径。网址的格式为：访问协议：//〈主机.域〉［：端口号］/路径/文件名，如 http：//www.sina.com.cn。

(1) 访问协议。是指获取信息的通信协议。http 代表超文本传输协议，表示要访问 WWW 服务器的资源。

(2) 主机.域。部分表示服务器名。它可以是域名，也可以是 IP 地址，如 sina.com.cn。字母不分大小写。

(3) 端口号。可选项，表示通信端口，通常不需要给出。

(4) 路径/文件名。为要查找主机上的网页所通过的目录路径和网页的文件名，通常不需要给出。

3. 用 IE 浏览器浏览网上信息

在网络联通的状态下，打开 Internet Explorer 浏览器，在地址栏中输入网站地址，就可以访问该网站了。单击网站首页中的超级链接，可以跳转至其他网页，如图 6-3 所示。

图 6-3　用 IE 浏览器浏览网页

4. 收藏站点

收藏站点是指将网址保存在收藏夹中，以后需要浏览该站点时就可以从收藏夹中打开该站点。收藏站点的操作方法如图 6-4 所示。

图 6-4　收藏站点

5. 网页文件的保存类型

（1）网页。按网页原始格式保存显示网页时所需的所有文件，包括文字、图片、视频、框架等。

（2）Web 档案。把网页中的所有内容都保存在一个扩展名为.mht 的文件中。

（3）Web 页。只保存网页中的文字内容，扩展名为.html。

（4）文本文件。将网页中的文本信息保存在扩展名为.txt 的文本文件中。

6. 保存图片

浏览网页时，如果对网页上某张图片感兴趣，可以单独将其保存到本地计算机中，如图 6-5 所示。

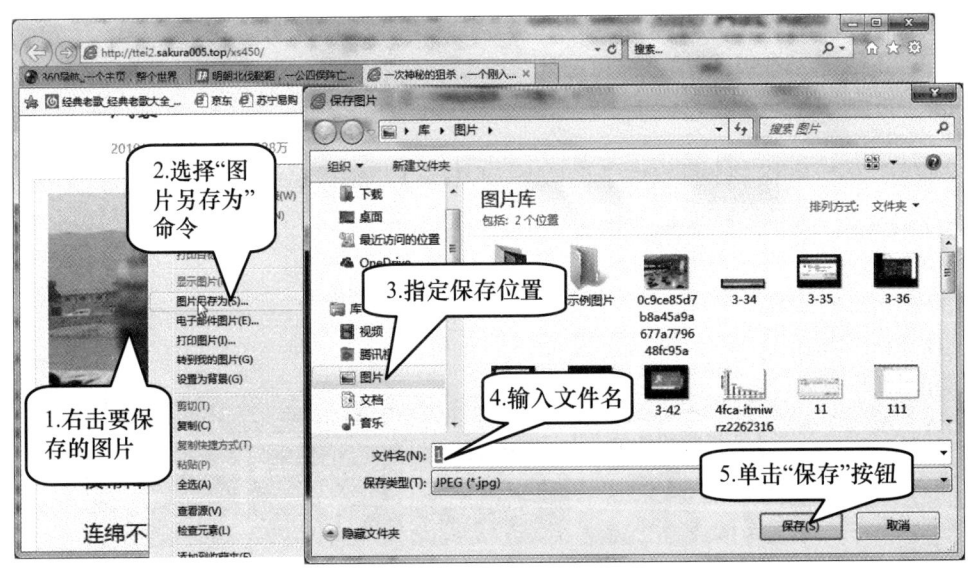

图 6-5　保存网页中的图片

7. 下载音乐文件

网页中的音乐文件可以通过音乐播放软件下载到本地计算机或手机。例如，要用"QQ 音乐"应用软件下载一首流行歌曲，首先要运行 QQ 音乐，然后执行下载操作，如图 6-6 所示。下载的音乐文件可以在"库\音乐"文件夹中找到。

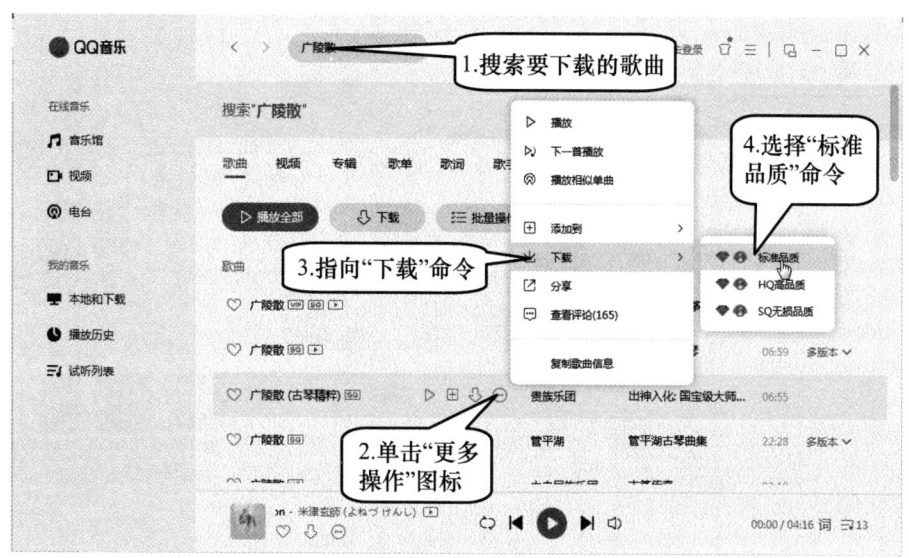

图 6-6　用 QQ 音乐下载歌曲

6.1.3　搜索引擎的使用

1. 常用的搜索引擎

搜索引擎是指为用户提供信息检索服务的一种网站，它可以将网上的所有信息进行归类，以帮助用户迅速找到所需要的信息。目前常用的搜索引擎有百度、谷歌、搜狗等，常用的搜索方式则有关键词检索和分类目录式检索两种。

用百度（地址为 www.baidu.com）搜索人物图片，具体操作方法如图 6-7 所示。

2. 关键词检索法

使用搜索引擎查找信息的常用方法是关键词检索，即在搜索框中输入关键词，搜索引擎即给出所有包含该关键词的网页链接。用户可以使用一定的逻辑组合方式设置关键词，关键词越严谨，给出的结果就越精确。

关键词的输入规则如下。

（1）给关键词加上半角双引号，可实现精确查找。

（2）组合的关键词用加号（＋）连接，查询结果中将同时包含各个关键词。

（3）组合的关键词用减号（－）连接，查询结果中将不会存在减号后面的关键词内容。

图 6-7 用百度搜索人物图片

（4）使用通配符星号（*）和问号（?）可以模糊搜索文件。其中，星号表示匹配的字符数量不受限制；问号表示匹配的字符数量受限制。

用分类目录式检索网站 360 导航搜索"招聘"相关内容，具体操作方法如图 6-8 所示。

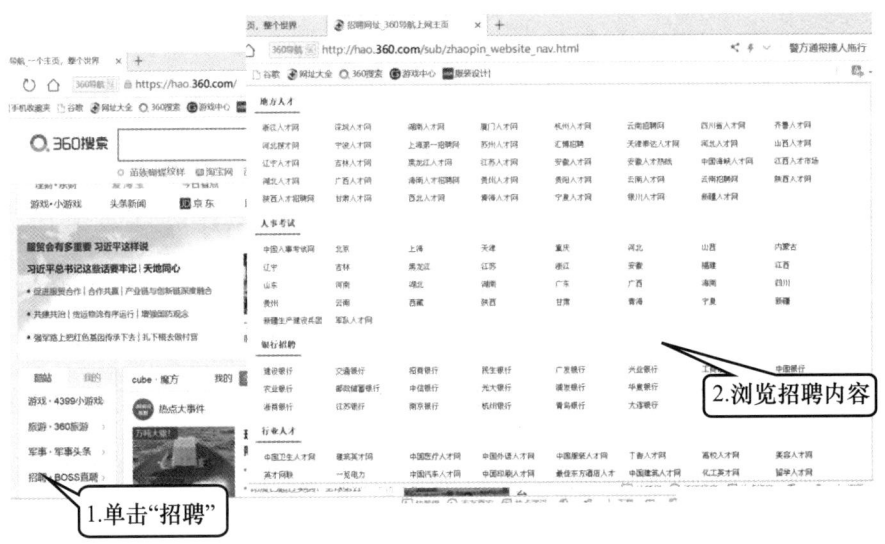

图 6-8 用 360 导航搜索"招聘"相关内容

3. 文件类型搜索

文件类型搜索是在"搜索"框中以"关键词＋空格键＋filetype：文件扩展名"的形式进行搜索，即搜索包含关键词的指定类型的文件。

查找包含有文本"计算机知识"且文件类型为.doc的文件。打开百度搜索引擎，选取"网页"选项，在搜索框内输入搜索内容：计算机知识 filetype：doc，然后单击"百度一下"，即可查找到包含有文本"计算机知识"且文件类型为.doc的文件，如图6-9所示。

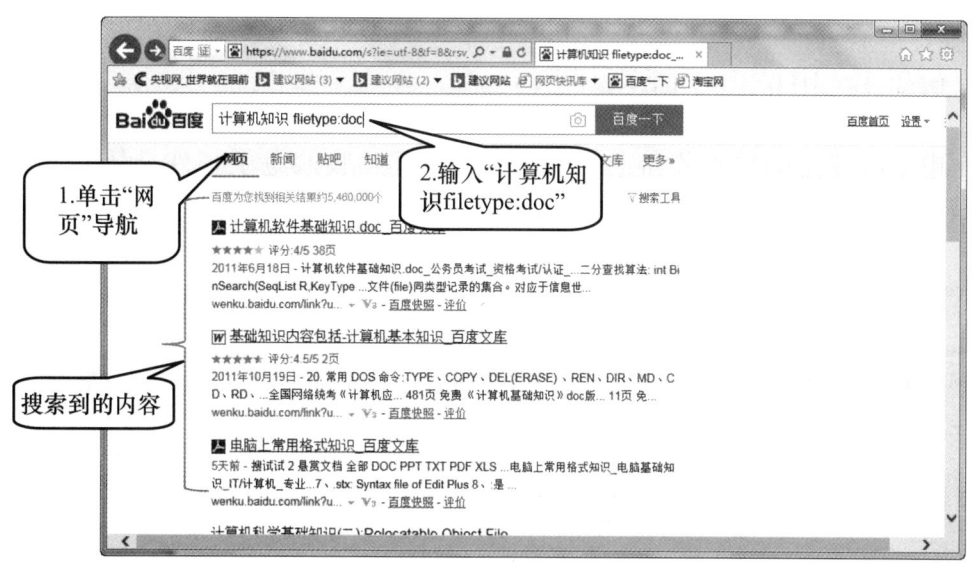

图 6-9 搜索包含关键词的指定类型的文件

4. 搜索网络资源的新方法

随着信息技术的发展，搜索引擎在Internet中检索信息的方法已不仅仅局限于文字搜索，用户还可以利用语音或图像进行搜索。

（1）语音搜索。使用语音进行检索或查询，如百度语音搜索以移动客户端为主要平台，内嵌于百度的掌上百度、百度手机地图等产品中，用户在使用这些客户端产品时就可以体验语音搜索功能。

（2）图像搜索。利用图片内容、透视和颜色等因素来搜索近似的图片。在谷歌浏览器中还可以直接将图片拖到浏览器中，快速搜索图片。

6.2 收发电子邮件

电子邮件又称E-mail，是一种用电子手段提供信息交换的通信方式，是Internet应用最广的服务。通过网络的电子邮件系统，用户可以用非常低廉的价格和快速的方式,与世界任何一个角落的网络用户联系,这些电子邮件可以是文字、图像、声音等各种方式。

通过本节的学习,您将掌握以下内容:

◆申请免费电子邮箱。

◆发送和收取电子邮件。

6.2.1 申请电子邮箱

电子邮箱是邮件服务器上的一块存储空间。收取电子邮件是从邮件服务器上把邮件"拿回"自己的计算机中,发送电子邮件则是把自己计算机上的邮件"投入"邮件服务器中。

电子邮件地址由用户名和邮件服务器组成,之间用符号@隔开。用户名由字母、数字或字母与数字的组合组成,但中间不能有空格,如图6-10所示。

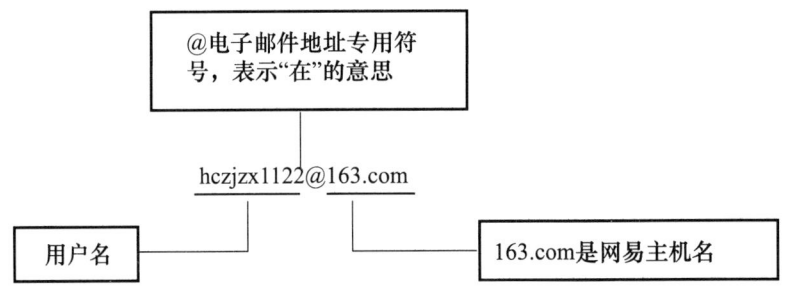

图6-10 电子邮件地址的构成

在浏览器中打开某个搜索引擎,搜索"邮箱注册",在网页中会出现关于邮箱注册的链接。单击所需的邮箱服务提供商所在的超链接文本,即可进入相关网站注册邮箱。

申请163免费电子邮箱,具体操作方法如图6-11所示。

6.2.2 使用电子邮箱

1. 登录电子邮箱

收发电子邮件的方式有两种,一是使用邮件客户端,二是直接从网页进入电子邮箱,前者需要下载邮件客户端程序,后者则需要登录电子邮箱。

6 因特网（Internet）应用

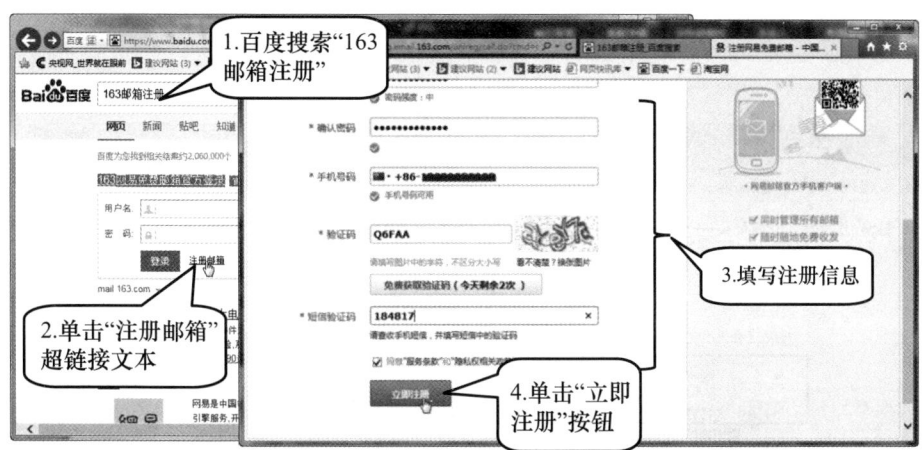

图 6-11 申请 163 免费电子邮箱

使用百度搜索并登录 163 邮箱，如图 6-12 所示。

2. 撰写和发送邮件

在给别人发邮件时，要先知道收信人的电子邮箱地址。在邮箱界面中单击"写信"按钮，即可开始撰写和发送邮件，如果需要传输文档、图片等文件，可通过附件发送，如图 6-13 所示。

3. 接收和阅读邮件

单击"收信"按钮，打开要阅读邮件的"主题"，即可接收和阅读来信，如图 6-14 所示。

4. 回复、转发和删除邮件

回复邮件时，系统会自动填写收件人的地址，其他操作与撰写、发送邮件一样。打开邮件，单击"回复""转发"或"删除"按钮可分别完成回复邮件、转发邮件或删除邮件的操作，如图 6-15 所示。

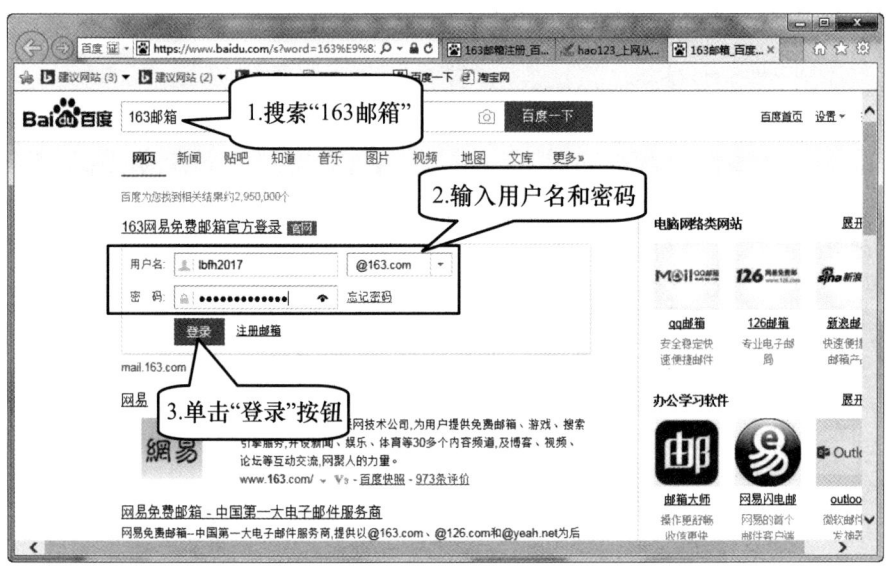

图 6-12　登录邮箱

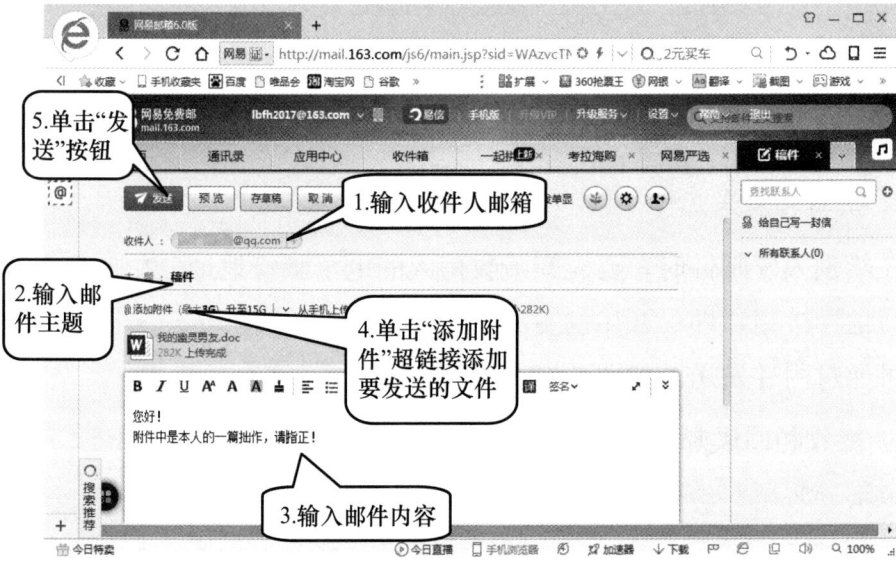

图 6-13　撰写和发送邮件

6 因特网（Internet）应用

图 6-14 接收和阅读邮件

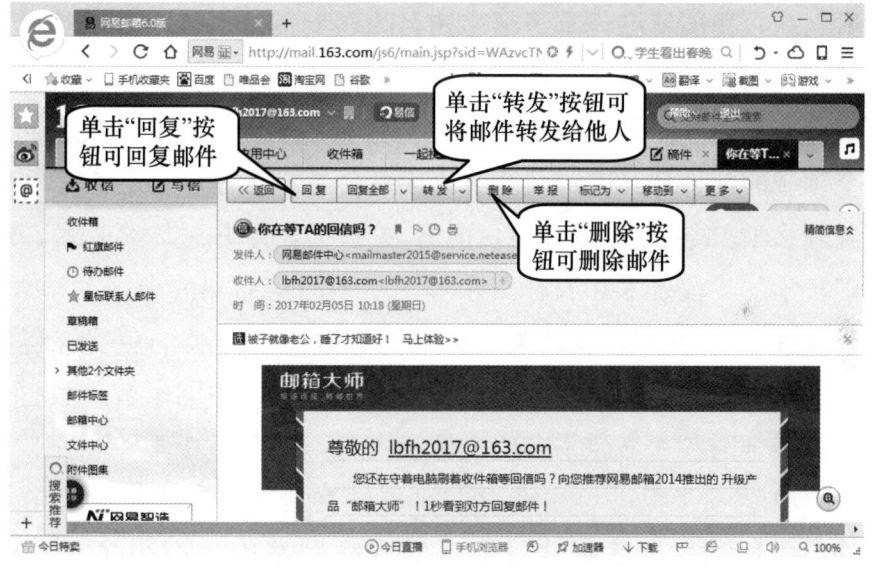

图 6-15 回复、转发和删除邮件

6.3 使用网络服务

Internet 提供的服务非常丰富，除了浏览信息、收发电子邮件外，还可以在网上进行学习、求职等。

通过本节的学习，您将掌握以下内容：

◆网上学习、网上求职等常用网络服务的使用。

6.3.1 网上学习

1. 网上学习平台

随着互联网的发展，教育行业在不断地推广着远程教育，通过网络虚拟教室来实现远程视频授课、电子文档共享等，使教师和学生在网络上形成一种教与学的互动，尤其是 2020 年由新型冠状病毒带来的疫情导致学校大面积停课，更加使人们认识到了网上学习的必要性和紧迫性，也催生和发展了一大批网上学习平台，例如 2020 年 2 月 17 日正式开通的国家中小学网络云平台，就是防疫期间为支持各地做好"停课不停学"工作，帮助学生居家学习，教育部整合国家、有关省市和学校优质教学资源，在延期开学期间开通的免费网上学习平台。国家中小学网络云平台可供 5000 万名学生同时在线使用，各地可以自主选择使用。

在这之前，我国就已经有了很多知名的网上学习平台，其中有大量的视频公开课或直播课，可满足各行各业不同人群的学习需要。例如，专业的网上学习平台有：内容涵盖人文、教育、社会、艺术、科技、健康、创业、金融等多个领域的网易公开课；联合北京大学、复旦大学、浙江大学、微软亚洲研究院等多所知名高校和机构，内容涵盖哲学历史、文学艺术、经管法学、基础科学、工程技术和农林医学等 800 多门精品课的中国大学 MOOC；包含办公软件、自学 PS、设计类、编程类等数十种门类的免费课程视频的我爱自学网；由教育部教育技术与资源发展中心主办的国家智慧教育公共服务平台，汇聚全国各大慕课平台优质课程资源，涵盖中小学、职业教育、高等教育全阶段学习课程；专注于中小学各科教学及外语教学的有道精品课等。此外，还有很多非专业学习平台的视频网站中也有很多免费的视频教程。

2. 网上学习方式

众多的网上学习平台为人们提供了海量的学习资源，其中有付费的也有免费的，大家可以根据需要选择学习平台、学习方式和学习内容。例如，想要免费学习来自国内知名大学名师的精品课程，可以注册中国大学 MOOC，在上面寻找自己所需的老师和课程并进行学习。

在"中国大学 MOOC"网上体验外交学院的"英语政论"课程，操作方法如图 6-16 所示。

6 因特网（Internet）应用

图 6-16　在"中国大学 MOOC"网上自学课程

6.3.2　网上求职

1. 网上求职的注意事项

网上求职简单方便，信息量大，求职者可以充分对比、筛选，选择最适合自己的工作单位、工作地点和工作岗位。但是，由于网络的虚拟性，网上求职也常常被不法分子利用，发布一些虚假招聘信息，骗取求职者的钱财，或者描述的招聘岗位与实际招聘岗位不符。后者的性质虽然不是十分恶劣，但是耗费了求职者的时间和精力，造成了很不好的社会影响。因此，求职者在发现了自己渴求的工作岗位后，最好先通过招聘者留下的联系方式与其进行联系，核实信息是否真实，判断其描述的工作性质与实际是否一致，同时可以通过网络搜索侧面了解一下招聘单位的口碑、文化背景、工作状况等情况，从而有针对性地投递求职简历，提高求职成功率。

扫一扫，扩展阅读

2. 寻找适合的求职网站

目前，各种求职网站很多，有专门的求职网站如智联招聘，也有中介类兼有招聘服务的网站如58同城，前者更加专业，后者则可以迅速浏览本地招聘信息。用户可以根据自己的情况选择适合的网站来查找招聘单位，投递求职简历。

在前程无忧招聘网站上求职，如图6-17所示。

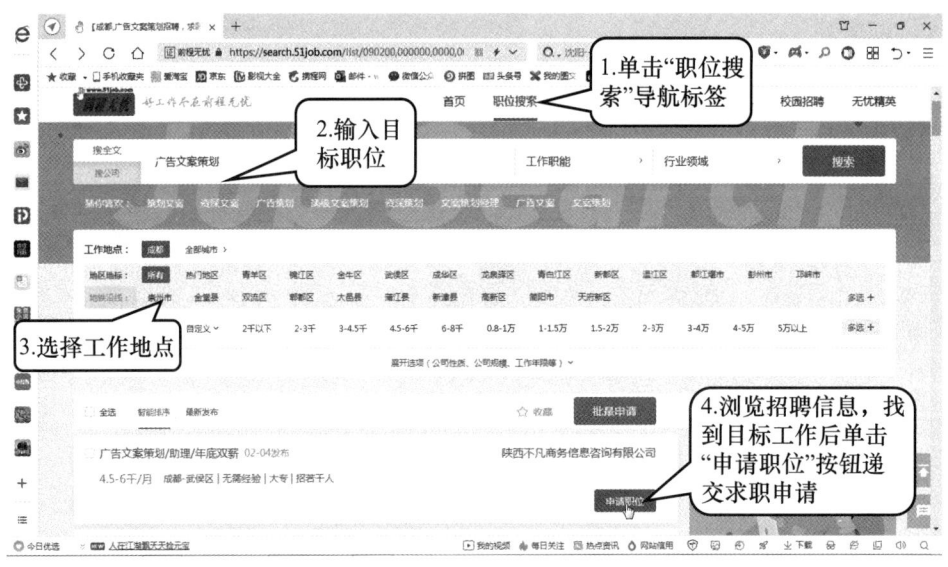

图6-17 在前程无忧网站上求职

扫一扫，做练习

参考文献

[1] 吴垚岑,彭远斌. 计算机应用基础 [M]. 北京:北京理工大学出版社,2017.
[2] 徐津,胡晓菲,潘威. 计算机使用安全与防护 [M]. 北京:电子工业出版社,2011.
[3] 杨巨恩,韦燕菊. 计算机应用基础(Windows 7+Office 2010)[M]. 2版. 北京:电子工业出版社,2017.
[4] 徐海英,李华锋. 计算机应用基础 [M]. 上海:上海交通大学出版社,2014.
[5] 李殿勋. 全国计算机等级考试教程·一级 MS Office(中文 Windows 7+Office 2010 平台)[M]. 北京:电子工业出版社,2015.
[6] 武马群. 计算机应用基础 [M]. 北京:人民邮电出版社,2009.
[7] 神龙工作室. Word/Excel/PPT 2016 办公应用从入门到精通 [M]. 北京:人民邮电出版社,2019.
[8] 徐津,张龙,马传连. 办公自动化案例教程(Windows 7+Office 2010)[M]. 北京:电子工业出版社,2016.
[9] 覃卫芳,王莉梅. 计算机应用基础项目教程 [M]. 上海:上海交通大学出版社,2014.
[10] 田茂兴. 计算机应用基础 [M]. 上海交通大学出版社,2012.
[11] 张梦欣. 计算机基础与应用 [M]. 北京:中国劳动社会保障出版社,2013.
[12] 孙晓春,陈颖. 办公软件实训教程 [M]. 3版. 北京:机械工业出版社,2019.
[13] 米保全. 计算机基础及 Office 办公软件应用(Windows 7+Office 2010 版)[M]. 北京:机械工业出版社,2017.
[14] 张海钧. 信息技术基础实训教程 [M]. 北京:北京理工大学出版社,2015.
[15] 李志欣. 计算机录入技术 [M]. 北京:北京理工大学出版社,2018.